基于虚拟仪器和单片机的机电控制系统设计与实践

JIYU XUNI YIQI HE DANPIANJI DE
JIDIAN KONGZHI XITONG SHEJI YU SHIJIAN

吴涛　著

U0292634

化学工业出版社

·北京·

本书主要探讨当下流行的虚拟仪器和单片机的应用，主要介绍分别应用虚拟仪器平台和 Arduino 平台的相关机电系统的设计和控制的实例，全书分为上、下两篇。上篇主要介绍基于虚拟仪器的控制系统的建模与仿真、控制系统典型环节的实验分析、数字量、模拟量端口实验、温度 PID 控制、电动机控制系统仿真、网络通信实验等内容。下篇主要介绍了应用 Arduino 平台开发的轮式小车设计、机械臂设计、双足机器人设计、蓝牙通信与 WiFi 视频传输技术、虚拟仪器和 Arduino 的互动通信控制设计、基于 Arduino 和 Andriod 平台的控制系统设计等内容。

本书可作为工程技术人员和科技工作者学习设计虚拟仪器和单片机的自学用书，也适合作为高等学校机电一体化、电子、通信、自动化、机械、测控技术与仪器、测试计量技术、计算机、信息技术等专业的教学参考书。

图书在版编目（CIP）数据

基于虚拟仪器和单片机的机电控制系统设计与实践/
吴涛著 . —北京：化学工业出版社，2018.8（2019.9 重印）
　ISBN 978-7-122-32175-6

　Ⅰ.①基…　Ⅱ.①吴…　Ⅲ.①机电一体化-控制系统-
系统设计　Ⅳ.①TH-39

中国版本图书馆 CIP 数据核字（2018）第 101447 号

责任编辑：卢萌萌　刘兴春
责任校对：宋　玮　　　　　　　　　　　　装帧设计：刘丽华

出版发行：化学工业出版社（北京市东城区青年湖南街 13 号　邮政编码
100011）
印　　装：北京虎彩文化传播有限公司
710mm×1000mm　1/16　印张 11　字数 156 千字　2019 年 9 月北京第 1 版第 2
次印刷

购书咨询：010-64518888　　售后服务：010-64518899
网　　址：http://www.cip.com.cn
凡购买本书，如有缺损质量问题，本社销售中心负责调换。

定　　价：68.00 元　　　　　　　　　　　　版权所有　违者必究

前言

　　机电系统控制工程作为一项现代化的技术工程，在支持经济建设、社会发展等方面发挥着不可替代的作用，极大地提高了生产效率，促进了制造业发展。机电一体化产品几乎已经涉及社会的各个方面，给人们的生产生活带来了极大便利。机电系统控制工程作为21世纪的重要科学技术之一，涵盖了机械、控制、电子、计算机、通信等诸多领域，已成为我国科技新时代发展中不可或缺的重要组成部分。特别是在工业4.0、新工科建设的时代大背景下，机电一体化控制无论是在智能制造还是智能产品中都发挥着越来越重要的作用，其涉及的产品小到玩具，大到机器人，都具有远大的发展前景。

　　本书总结了十多年来在机电系统控制领域的教学科研中应用虚拟仪器和Arduino单片机开发平台所开展的实验，将其中一些设计的思路总结后和大家一起分享。本书受教育部产学合作协同育人项目"基于新工科的机电控制系统设计与实践"（项目编号：201702068002）以及昆明理工大学教改项目的支持。本书作者目前已在国内外刊物和国际会议上发表相关论文15篇（其中EI收录9篇），申请并获授权实用新型专利3项，受理发明专利1项，软件著作权登记5项，在第10届（2017年）中国大学生计算机设计大赛中获三等奖1项，获昆明理工大学教学成果一等奖1项。由于这些成果都是以分散的方式在各杂志或论文中出现，不方便查阅和交流，因此将这些成果汇集起来，以专著的形式和广大的机电控制系统设计方面的研究者、学生一起分享。

　　本书主要介绍基于虚拟仪器和Arduino单片机平台

的相关机电系统的设计和控制的应用实例。全书分为上下两篇，一共12章。上篇主要介绍基于虚拟仪器的机电控制系统的设计与实践，该篇共分6章，主要介绍基于虚拟仪器的控制系统的建模分析、基本实验、数字端口控制、液位、温度控制及远程通信；下篇共分6章，主要介绍应用Arduino单片机平台开发的轮式小车、机械臂、双足机器人；基于Arduino和Android平台的蓝牙寻找器、智能停车位的设计以及虚拟仪器和Arduino的通信等。

　　本书面向21世纪新经济发展及人才培养的需求，立足于对学习者自主学习能力和实践创新精神的培养。在总体布局上紧紧围绕虚拟仪器和Arduino这条主线，同时又兼顾其他的一些基本硬件外设的设计；在实例的编排上既考虑了创新、全面，又注重对关键知识点的透彻剖析和软件硬件的结合；在原理方法的阐述上，作者尽量避免了高深和复杂的数学推理，突出了工程实践应用与通俗易懂的软件程序。总之，本书立足于理论与实践相结合、硬件电路与软件设计的融合以及创新思路的引入。这不仅符合科学技术的发展规律，并且更容易达到说理透彻、相辅相成、深入浅出和抛砖引玉的效果，也更有利于读者的综合应用能力的提高。

　　本书能够得以出版，还要感谢昆明理工大学机电工程学院的学生徐超、魏翀、吴嘉驹、刘洁、卢光跃所做的大量协助研究工作，他们卓有成效的工作使本书更加实用。本书所有机械结构图纸均用SolidWorks软件绘制。

　　鉴于作者水平及时间所限，书中难免存在不足和疏漏之处，恳请各位专家和读者不吝赐教和指正，对此表示诚挚感谢。

著者

2018年6月于昆明理工大学

目录

上篇 基于虚拟仪器平台的机电控制系统设计与实践

随着科技的迅猛发展，人们对自动控制系统的功能、体积、能耗等方面的要求越来越高，而产品的价格又希望尽可能低，研制生产周期尽量短。传统的实验设备功能固定，硬件线路、软件固定，这样的系统可扩展性能差。越来越多的设计人员不再满足这样的实验设备，希望根据自己所要解决的问题，按照自己的想法来构建测控系统。

虚拟仪器（Virtual Instrument）是一个全新的仪器概念，是以通用计算机作为核心的硬件平台，配以相应功能的硬件作为信号的I/O接口，利用软件开发平台在计算机屏幕上虚拟出仪器的面板和相应的功能，然后通过鼠标和键盘操作仪器，借助通用的数据采集卡及其他硬件，用户可以通过软件构造出诸如示波器、频谱分析仪、信号发生器或其他装置，实现了"软件即是仪器"的概念。

LabVIEW软件由美国国家仪器公司(National Instrument，NI)公司开发，是目前国内常用的虚拟仪器软件，它是一种基于图形化语言（G语言）的软件开发工具。本篇将以LabVIEW为平台，通过建立相关硬件体系并开发相关软件，实现控制系统多功能的实验教学平台。该平台具有较好的可扩展性。

第1章

控制系统的建模与仿真

本章将介绍利用 LabVIEW 控制与仿真工具包编写仿真程序，完成控制系统的时域、根轨迹、频域、稳定性分析。使用 Lab-VIEW 实现传递函数的构建并对其进行分析，包括阶跃输入信号的时域响应，画出相应曲线图，计算相应的性能指标等；根轨迹分析；频域分析，画出奈奎斯特图和波特图；并介绍传递函数系统的稳定性分析的实验仿真程序。

1.1 数学模型的创建

用来描述系统因果关系的数学表达式称为系统的数学模型。建立控制系统的数学模型是系统分析和设计的基础。控制系统的数学模型有多种表达形式。时域中常用的有微分方程、差分方程；复域中常用的有传递函数、状态空间表达式、结构图；频域中常用的有频率特性。建立控制系统数学模型的方法有分析法和实验法。实验法又称为系统辨识。

实际工程中，要解决自动控制问题所需用的数学模型与该问题所给定的已知数学模型往往不一致；或者要解决问题最简单而又最方便的方法所用到的数学模型与该问题所给定的已知数学模型不同，此时，就需要对控制系统的数学模型进行转换。

下面主要介绍使用 LabVIEW 软件创建系统的数学模型并实现数学模型之间的转换的相关方法与思路。

1.1.1 传递函数模型的创建

在讨论数学模型的创建之前，先了解一下 LabVIEW 软件的控制设计与仿真工具包。控制设计与仿真工具包可以在结构框图选板中找到，如图 1-1 所示。

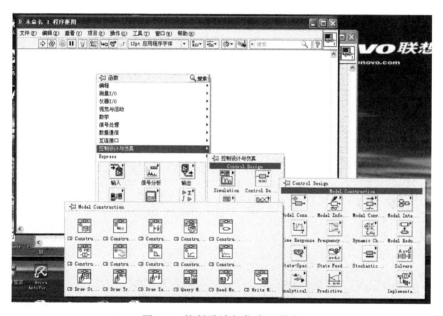

图 1-1 控制设计与仿真工具包

下面将讨论创建传递函数模型和创建状态空间模型。创建各种类型的数学模型，例如传递函数模型、零点/极点/增益模型和状态空间模型等，根据实际情况选择相应的模型选板。传递函数模型端子如图 1-2 所示。重要的端子为分子（numerator）和分母（denominator）。一旦模型被创建，那么它既可以被显示在前面板中，也可以连接到其他函数上。

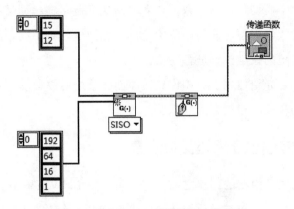

图 1-2　创建传递函数模型的程序框图

我们将介绍部分在子选板中出现的函数。如需了解进一步的信息，可查看 LabVIEW 软件的帮助文档。

根据传递函数公式：

$$G（s）=\frac{b_ms^m+b_{m-1}s^{m-1}+\cdots+b_0}{a_ns^n+a_{n-1}s^{n-1}+\cdots+a_0} \tag{1-1}$$

通过在图 1-2 所示的函数模型对应的端子中填入式（1-1）中不同的分子 b_m，$b_{m-1}\cdots$，分母 a_n，$a_{n-1}\cdots$ 等参数，即可构建所需的传递函数。

【例 1-1】　如果传递函数是 $G（s）=\dfrac{12s+15}{s^3+16s^2+64s+192}$，在 Lab-VIEW 软件中创建其数学模型。

解：分子和分母需要按照以下方式进行输入：

在 LabVIEW 软件中，数组的第一个元素为 s^0 的系数，第二个元素为 s^1 的系数，第三个元素为 s^2 的系数$\cdots$，以此类推。这个函数创建的传递函数方程，可以通过创建指示器来在前面板中显示。

创建的传递函数模型通过方程指示器将结果显示在前面板上，具体如图 1-3 所示。

1.1.2　状态空间模型的创建及转换

（1）控制设计与仿真工具包中的创建状态空间模型

创建状态空间模型的程序框图如图 1-4 所示，在 A、B、C、D 端子

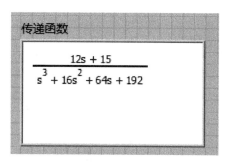

图 1-3 传递函数模型的前面板

上连入数据。它的输出端可以连接到控制设计工具包中很多其他函数上，作为它们的输入端。

如果采样时间端子没有连接，那么系统被默认为是连续采样。将一个值连到采样时间端子上会使系统变为离散系统，它使用给定的时间作为采样间隔。状态空间模型的 A、B、C、D 矩阵都有对应的端子。一旦 LabVIEW 软件创建了状态空间模型（其输出端子可用），该模型就可以用于其他函数并且可以转化成其他的形式。

【例 1-2】　如果某系统的状态空间表达式为，

$$\begin{cases} \dot{X} = \begin{bmatrix} 0 & 1 & 0 \\ 0 & 0 & 1 \\ -6 & -11 & -6 \end{bmatrix} X + \begin{bmatrix} 1 \\ 0 \\ 0 \end{bmatrix} U \\ Y = \begin{bmatrix} 1 & 1 & 0 \end{bmatrix} X \end{cases}$$

在 LabVIEW 软件中创建其状态空间表达式。

解：按图 1-4 连接参数，其创建状态空间模型的参数前面板显示如图 1-5 所示。

在图 1-4 和图 1-5 中，输入端子既可以是常数（在结构框图中），也可以是控制量（在前面板中）。为了更容易理解，我们演示的大多数例子在结构图中使用常数，但是，使用前面板上的控制量时常会使效率更高。常数、控制量和指示器都可以通过在需要的端子上单击右键，并且在弹出菜单的选项中选择进行创建。控制设计工具包中的很多特殊函数和数据结构，使得它成为正确创建控制量和指示器的一个非常有用的

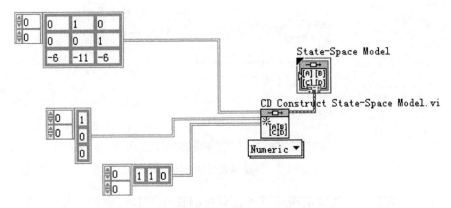

图 1-4　创建状态空间模型的程序框图

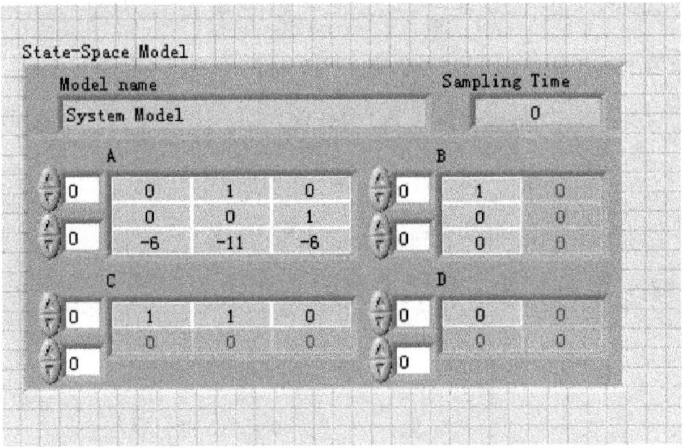

图 1-5　创建状态空间模型的前面板

快捷方式。

　　许多控制设计函数，包括创建状态空间模型都是多项式的。一个多项式形式的函数在图标下有额外的菜单结构。模型的输入可以是数字形式的。相同的函数也可以以符号的形式输入，代表输入的可以是变量，而变量值是由前面板来控制的。

（2）模型转换与互联

　　模型转换选板中的函数是用于把系统模型从一种形式转化为另一种形式（例如，把状态空间形式转化为传递函数形式或者极点/零点/增益形式，反之亦然）。连续模型和离散时间模型也可以从一种形式转化为另一种形式。这个选板还可以把用于控制设计的模型转化为仿真模型的函数，反之亦然。

模型互联选板中的函数可被用于在不同的配置方式（如串联、并联和反馈模式）下连接不同的模型。在前面创建的状态空间模型和传递函数模型可以按照串联等方式连接。值得一提的是，把传递函数模型连接到状态空间模型的反馈路径中，那么需要使用 CD Feedback 函数，模型连接的次序十分重要，前向通道连接于第一个端子上（模型1），位于反馈路径中的模型被连接到第二个端子上（模型2）。

1.2 系统时域分析及根轨迹分析

系统性能指标是指在分析一个控制系统时，评价系统性能好坏的标准。总体来看，系统的性能要求可以归结为如下三个方面。

① 系统的稳定性。

② 系统进入稳态后，应满足给定的稳态误差的要求。

③ 系统在动态过程中应满足动态品质的要求。

下面将介绍如何使用 LabVIEW 进行控制系统的时域分析，绘制控制系统时域响应曲线图，使用 LabVIEW 进行系统时域暂态性能指标的计算以及根轨迹的具体分析方法。

1.2.1 时间响应

时间响应选板中被经常使用的是阶跃响应，在前面板上可显示输出曲线图。该阶跃响应曲线可创建的，在阶跃响应曲线的输出端子上点击右键，并选择创建≫显示控件选项。这个曲线图的默认外观与 LabVIEW 软件的原有外观可能不尽相同。许多函数需要从前面板上使用不同的方式来创建特殊的曲线。在很多时候，在某个函数的输出上单击右键时，在弹出菜单中会出现创建显示控件选项。对于大部分时间响应和频率响应的选板 VI 来说，可以使用相似的选项。

相应的时域参数（如上升时间、峰值时间、调节时间、超调量和稳态增益等）可以调用 CDParametric Time Response Data. vi 这个函数计算系统的瞬态响应，第二个输出端子（时间响应参数）给出了以上所有的信息。

【例 1-3】 设单位负反馈系统的开环传递函数为 $G(s) = \dfrac{9}{s(s+1)}$，试求系统单位阶跃响应和系统动态性能指标。

解： 首先已知系统的开环传递函数，需计算其闭环传递函数。闭环传递函数公式如式（1-2）所示。

$$G_B(s) = \frac{G(s)}{1+G(s)H(s)} \tag{1-2}$$

由式（1-2）计算可得其闭环传递函数为：

$$G_B(s) = \frac{9}{s^2+s+9}$$

然后建立传递函数的数学模型如图 1-6 所示，响应曲线和性能指标分析结果如图 1-7 所示。

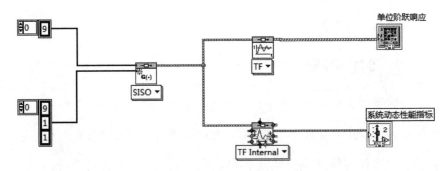

图 1-6　［例 1-3］系统单位阶跃响应及动态性能指标分析程序框图

由分析结果可以得出该系统的动态性能指标为：上升时间 0.4 秒，峰值时间为 1.08 秒，调整时间 8.79 秒，超调量 58.7％，稳态值 1，峰值 1.59 秒。

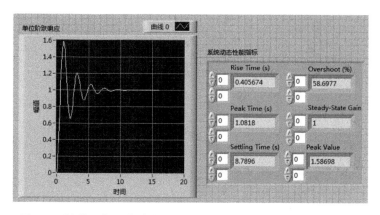

图 1-7　例［1-3］系统单位阶跃响应和系统动态性能指标分析结果

可以通过调整图表特性更改曲线的外观，如更改曲线类型（点、线，虚点等）、曲线宽度、颜色等，使设计的图表更加美观并且更加易懂。

1.2.2　系统的根轨迹分析

要做系统根轨迹分析，需要用到 CD Root Locus.vi 这个函数，它绘制了反馈增益从零到无穷大闭环极点的轨迹。给出了系统的根轨迹曲线。这个多项式形式的函数接受任何模型的输入，包括传递函数模型、状态空间模型或者极点/零点/增益模型。

根轨迹连接框图如图 1-8 所示，根轨迹连接框图前面板如图 1-9 所示。

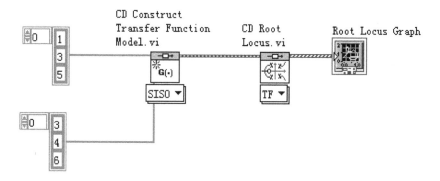

图 1-8　根轨迹连接框图

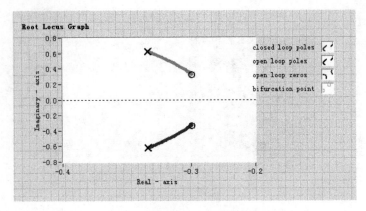

图 1-9 根轨迹连接框图前面板

1. 3 系统频率特性分析

频率特性曲线有三种表现形式：对数坐标图、极坐标图和对数幅相图，这三种表示形式的本质是不一样的。本节主要介绍如何应用 Lab-VIEW 绘制极坐标图和对数坐标图。

首先了解频率响应选板。这个子选板中被使用得最频繁的函数是用波特图（CD Bode）、奈奎斯特图（CDNyquist）和增益相位余量特性图（CD Gain and Phase Margins）绘制函数。

（1）CD Bode. vi:

这个函数给出了系统的幅度和相位的波特图曲线，其输入是一个开环模型。可以通过在相应的输出端子上创建指示器来绘制幅频和相频曲线。

（2）CD Nyquist. vi:

这个函数给出了系统的奈奎斯特曲线。其输入是一个开环模型。当你右键点击 CD Nyquist 的输出端子时，弹出的菜单中有一个额外的选项，用来在前面板上创建奈奎斯特曲线。在输出上单击右键，并且选择

Create≫Special（Indicator）选项。

（3）CD Gain and Phase Margin. vi：

这个函数给出了系统的增益和相位余量，同时还有幅度和相位曲线图，用来显示增益和相位余量发生的位置。

通过下面两个例子来说明如何绘制 Nyquist 图和 Bode 图。

【例 1-4】 系统开环传递函数为 $G(s)=\dfrac{5}{(s+2)(s^2+2s+5)}$，绘制其开环 Nyquist 图。

解：在建立完传递函数的数学模型后，将 CD Nyquist. vi 函数连接到传递函数的输出端，通过 Nyquist Plot 通道可以得到控制系统传递函数的 Nyquist 图程序框图（见图 1-10），得到的图形在前面板中显示如图 1-11 所示。

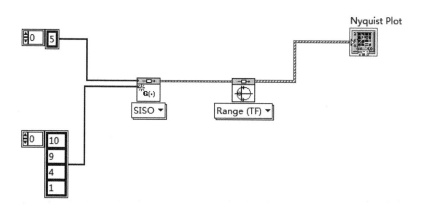

图 1-10　Nyquist 图程序框图

从图 1-11 中可以看出，其绘制是从 $-\infty\sim0$、$0\sim+\infty$ 的完整的 Nyquist 图形曲线。

【例 1-5】 单位负反馈系统的开环传递函数为 $G(s)=\dfrac{1}{s(0.5s+1)(s+1)}$，绘制闭环系统的 Bode 图。

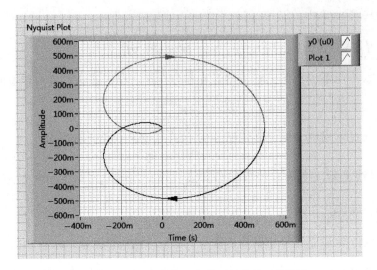

图 1-11　Nyquist 曲线图在前面板中的显示图片

解：已知系统的开环传递函数，需要先求得系统的闭环传递函数，并将其分子、分母按照降幂排列得其标准形式。

根据公式（1-2）计算可得闭环传递函数为 $G(s) = \dfrac{1}{0.5s^3 + 1.5s^2 + s + 1}$，在建立完传递函数的数学模型后，将 CD-Bode.vi 函数连接到传递函数的输出端，通过波特幅频和波特相频通道可以得到控制系统传递函数的幅度和相位波特图程序框图（见图 1-12），得到的幅频和相频曲线 Bode 图在前面板中显示如图 1-13 所示。

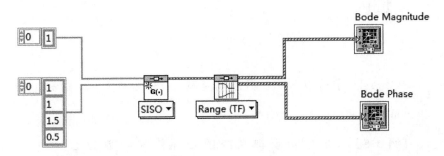

图 1-12　波特图程序框图

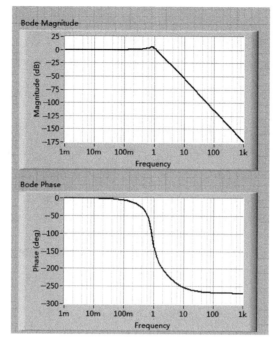

图 1-13　幅频和相频曲线波特图

1.4　控制系统的稳定性分析

对于连续时间系统，如果闭环极点全部在 s 平面左半平面，则系统是稳定的。对于离散时间系统，闭环脉冲传递函数（或输出的 z 变换）的极点全部位于 z 平面以原点为圆心的单位圆内，则系统是稳定的。

Nyquist 曲线是根据开环频率特性在复平面上绘出的幅相轨迹，根据开环的 Nyquist 曲线，可以判断闭环系统的稳定性。应用 Nyquist 稳定判据判断系统稳定的充要条件为：Nyquist 曲线按逆时针包围临界点（-1，j0）的圈数 R，等于开环传递函数位于 s 右半平面的极点数 P，否则闭环系统不稳定，闭环正实部特征根个数 Z＝P－R。若刚好过临界点（-1，j0），则系统临界稳定。

在此介绍以下两种方法判定系统稳定性。

（1）使用系统自带的稳定性判定功能

LabVIEW 本身自带有稳定性判定功能，在动态特性选板中，选用

CD. Stability. vi 来判定系统稳定性。

（2）使用数组编写劳斯（Routh）稳定判据

也可以根据 Routh 判据，编写 LabVIEW 程序判定。如图 1-14 所示为使用数组编写的 Routh 稳定判据框图。

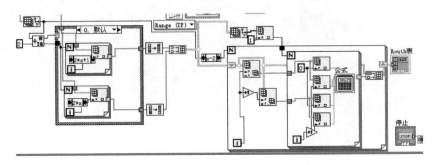

图 1-14　使用数组编写的 Routh 稳定判据框图

综合应用以上例子建立开环传递函数为 $G(s) = \dfrac{1}{0.01s^2 + 0.03s + 1}$ 的数学模型，进行系统的时域、频域及稳定性分析。参考前面板如图 1-15 所示。

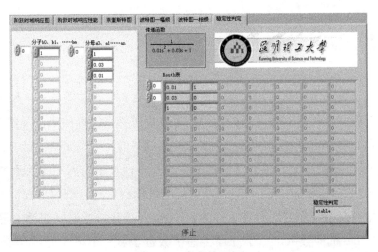

图 1-15　参考前面板

第2章

控制系统典型环节的实验分析

本章将介绍如何应用美国 NI 公司提供的 SC—2075 板搭建实际的控制系统典型环节，及相关程序编写，并测出实际结果。

2.1 实验器件

控制系统典型环节的实验器件主要包括 NI SC—2075 板和运算放大器。

（1） NI SC—2075 板

NI SC—2075 板由美国 NI 公司提供。NI SC—2075 板的实物图如图 2-1 所示。

NI SC—2075 板的端口说明见表 2-1。

表 2-1　NI SC—2075 板的端口说明

1	E 系列连接器	7	模拟输入阶跃端口
2	1200 系列连接器	8	说明
3	直流电机接口	9	LED 状态转换指示灯
4	5V 电压选择开关 SW1	10	模拟信号输出口
5	连续号	11	模拟信号输入口
6	0～5V 电压	12	触发器

续表

13	模拟输入插头	18	控制端
14	直流电源输出插头	19	测量端
15	板卡型号	20	DIO 端
16	装配序列号	21	DIO 状态指示灯
17	电路板区域		

图 2-1　NI SC—2075 板的实物图

NI SC—2075 板的电路板说明简图如图 2-2 所示。

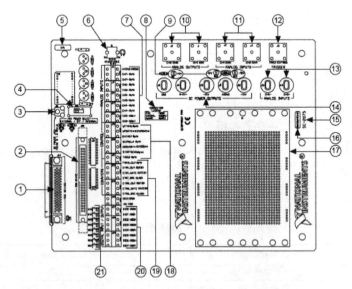

图 2-2　NI SC—2075 板的电路板说明简图

（2） 运算放大器

对于控制系统典型环节的实验，主要用到 LM358P 和 UA741 两种运算放大器。其余电阻 100K、200K、电容 1μF、电感 22μH 若干。另外需要用到 NI 公司提供的 PCI-6024E 数据采集卡。

2.2　时域实验分析

实验前先设计控制系统的典型环节实验方案，在 NI SC—2075 板上搭建模型，测出各典型环节的特性，并与理论结果进行对比分析。

（1） 比例环节

实验前先设计一个比例环节，并在 NI SC—2075 板上搭建完成，对其电子元件参数进行调整。比例环节模拟电路及其传递函数如图 2-3 所示，可作参考。

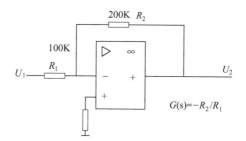

图 2-3　比例环节模拟电路及其传递函数

比例环节实测实际波形图如图 2-4 所示。

由于运算放大器反向截止，所以比例环节的负半周没有了。

（2） 积分环节

在实验前设计一个积分环节，并在 NI SC—2075 板上构建完成，对其电子元件参数进行调整。积分环节模拟电路及其传递函数如图 2-5 所示，可作参考。

积分环节实测实际波形图如图 2-6 所示。

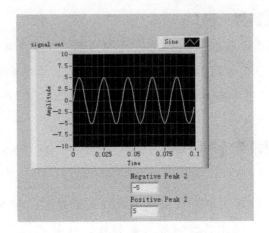

(a) 输入信号

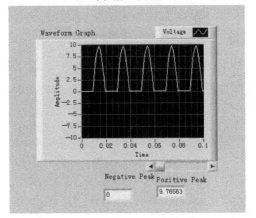

(b) 输出信号

图 2-4 比例环节实测实际波形图

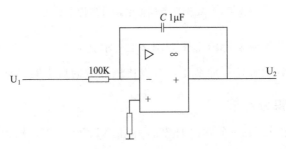

G(s)=1/TS   T=RC

图 2-5 积分环节模拟电路及其传递函数

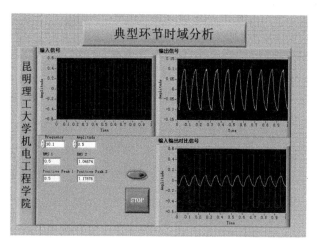

图 2-6 积分环节实测实际波形图

（3） 二阶系统

二阶系统的传递函数为

$$G\ (s)\ =\frac{X_o\ (s)}{X_i\ (s)}=\frac{\omega_n^2}{s^2+2\xi\omega_n s+\omega_n^2} \tag{2-1}$$

式中 ω_n——无阻尼固有频率；

  ξ——阻尼比；

  ω_n，ξ——二阶系统的特征参数，它们表明了二阶系统本身固有的
  与外界无关的特性。

实验电路 L—R—C 电路如图 2-7 所示，实验中选择的电感 $L=22\mu H$，$R=220\Omega$，$C=1\mu F$，可通过调整 R 的不同取值，得出系统在不同阻尼比下（欠阻尼 $0<\xi<1$、临界阻尼 $\xi=1$、过阻尼 $\xi>1$）的响应特性曲线。

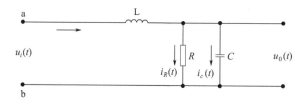

图 2-7 L—R—C 电路

在 NI 公司提供的 NI SC—2075 板上，用运算放大器等电子元器件搭建一些典型环节及一阶、二阶系统以及其他系统，完成自动控制原理的时域分析。图 2-8 所示为实测的二阶欠阻尼系统的单位阶跃响应。

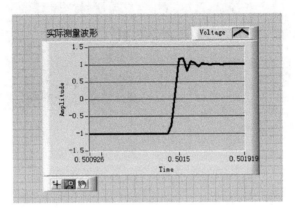

图 2-8　实测二阶欠阻尼系统的单位阶跃响应

2.3　频域特性分析

在实验前设计一个惯性环节，并在 NI SC—2075 板上构建完成，对其电子元件参数进行调整。惯性环节模拟电路及其传递函数如图 2-9 所示，可作参考。

频率特性分析常用幅相频率特性图（Nyquist 图）和对数坐标图（Bode 图），下面介绍的程序能同时完成 Nyquist 图和 Bode 图的绘制。该程序包含有两大部分：频率信号发生器和图形的绘制，频率信号发生器用以产生不同频率的正弦信号。Bode 图绘制包含有幅频特性 A（f）和相频特性 θ（f）。在应用 LabVIEW 编程时要有事件触发结构，记录当时的数据，根据在不同频率 f 时的幅频特性和相频特性能自动画出 Nyquist 图和 Bode 图。图 2-10（a）为设计的背面板程序图，图 2-10（b）为实测的惯性环节 Bode 图。图 2-10（c）为实测的惯性环节 Nyquist 图。

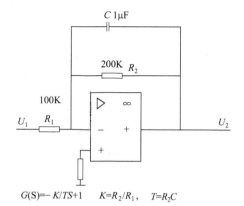

$$G(S) = -K/TS+1 \qquad K=R_2/R_1, \qquad T=R_2C$$

图 2-9　惯性环节模拟电路及其传递函数

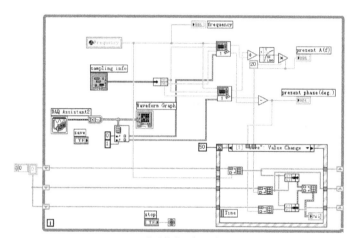

(a) 设计的背面板程序图

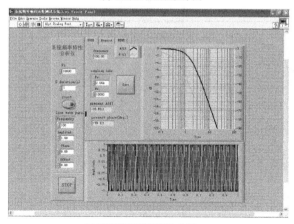

(b) 实测的惯性环节Bode图

图 2-10

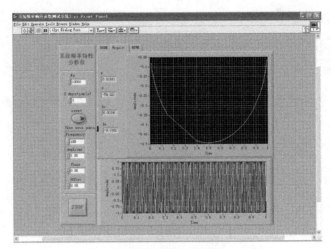

(c) 实测的惯性环节Nyquist图

图 2-10　频率分析图

实验数据见表 2-2。

表 2-2　实验数据

f	$A(f)$	$\theta(f)$	r	θ	Re	Im
0.1	−0.025	−3.6	1	−3.6	0.99	−0.06
0.2	−0.083	−7.2	0.99	−7.2	0.98	−0.12
0.3	−0.17	−10.7	0.98	−10.7	0.96	−0.18
0.4	−0.29	−14.1	0.96	−14.1	0.93	−0.23
0.5	−0.44	−17.4	0.95	−17.4	0.91	−0.28
0.6	−0.6	−20.6	0.93	−20.2	0.87	−0.33
0.7	−0.8	−23.7	0.91	−23.7	0.83	−0.36
0.8	−1	−26.6	0.89	−26.6	0.79	−0.39
0.9	−1.24	−29.3	0.86	−29.4	0.75	−0.4
1	−1.49	−31.9	0.84	−31.9	0.71	−0.44
1.1	−1.74	−34.4	0.81	−34.4	0.67	−0.45
1.2	−1.99	−36.7	0.79	−36.7	0.64	−0.47
1.3	−2.26	−38.9	0.77	−38.9	0.59	−0.48
1.4	−2.5	−41.2	0.74	−40.1	0.73	−0.48
1.5	−2.8	−42.9	0.72	−42.9	0.53	−0.49
1.6	−3.07	−44.7	0.7	−44.7	0.49	−0.49
1.7	−3.34	−46.3	0.68	−46.2	0.46	−0.49
1.8	−3.6	−48.1	0.65	−48.3	0.44	−0.49
2	−4.14	−50.9	0.62	−50.9	0.39	−0.48
4	−8.6	−67.4	0.37	−67.4	0.14	−0.34
5	−10.3	−71.3	0.3	−71.3	0.09	−0.29
6	−11.8	−71.2	0.26	−74.1	0.07	−0.24
7	−13	−75.8	0.22	−75.4	0.05	−0.22
8	−14.14	−77.5	0.2	−77.4	0.03	−0.19
9	−15.1	−78.3	0.17	−78.2	0.03	−0.17

f	$A(f)$	$\theta(f)$	r	θ	Re	Im
10	−15.9	−79.5	0.158	−79.5	0.03	−0.16
11	−16.8	−80.2	0.15	−80.3	0.02	−0.14
12	−17	−80.4	0.13	−80.1	0.02	−0.13
13	−18.2	−81.3	0.12	−81.3	0.02	−0.12
14	−18.8	−81.7	0.11	−81.7	0.02	−0.11
16	−19.9	−82.4	0.1	−82.4	0.01	−0.09
17	−20.5	−82.6	0.09	−82.6	0.01	−0.09

第3章

数字量、模拟量端口实验

NI SC—2075 板卡中有一个 8 位的数字量 I/O 端口，这个 8 位的数字量 I/O 端口既可以通过程序设定输入（I）端口，也可以设定为输出（O）端口。NI SC—2075 板上还有一个 8 通道的模拟量输入端口。本章将介绍如何利用 I/O 端口实现数字量的输入输出及模拟量端口的使用。

实验中要用到以下三种程序结构：循环结构（包括 While 循环和 For 循环）、顺序结构和分支结构。

3.1 彩灯控制设计

下面介绍一下二进制指示灯、交通灯、跑马灯彩灯的控制设计实验。

（1）二进制指示灯

二进制指示灯背板程序框图如图 3-1 所示。

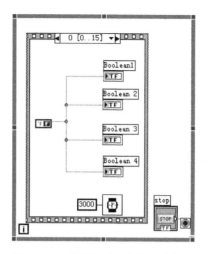

图 3-1　二进制指示灯背板程序框图

二进制指示灯前面板如图 3-2 所示。

图 3-2　二进制指示灯前面板

（2）交通灯

模拟产生十字路口的交通灯信号控制的有关设计数据如表 3-1 所列。

表 3-1　十字路口交通灯控制的有关设计数据

时间周期	时间间隔/s	南北方向			东西方向			8 位序列
		R	Y	G	R	Y	G	
		0	1	2	4	5	6	
T_1	25	0	0	1	1	0	0	00010100
T_2	5	0	1	0	1	0	0	00010010
T_3	25	1	0	0	0	0	1	01000001
T_4	5	1	0	0	0	1	0	00100001

注：R 表红色，Y 表黄色，G 表绿色，0、1、2、4、5、6 分别代表数字输出端口号。

　　编程时黄灯闪烁由循环结构控制，各比特位状态由端口输出。交通灯程序框图如图 3-3 所示。

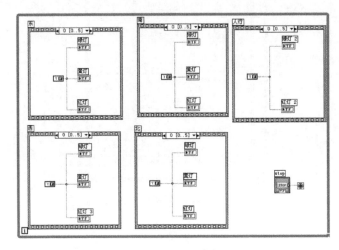

图 3-3　交通灯程序框图

十字路口交通灯前面板如图 3-4 所示。

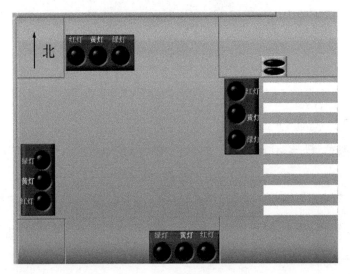

图 3-4　十字路口交通灯前面板

（3）跑马灯

跑马灯前面板如图 3-5 所示。

图 3-5　跑马灯前面板

3.2　液位测量与控制

NI SC—2075 板卡中有 8 通道的模拟量输入端口，可以作为输入端口检测外部设备的工作状态。

（1）液位传感器

使用的液位检测传感器如图 3-6 所示，将液位传感器放在需要测量的容器内。当液位处于短针位置时，液位满；处于中针位置时，启动泵供液体；到短针位置时，停止供液体；液位处于长针位置时，表示容器中的液体已经没有了，此时应报警或关停系统。

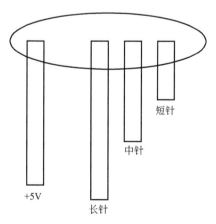

图 3-6　使用的液位检测传感器

（2）编写控制程序

液位控制程序如图 3-7 所示，液位的颜色由属性节点控制。

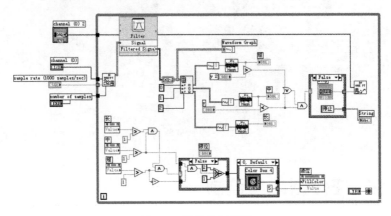

图 3-7　液位控制程序

（3）硬件电路实现

虚拟仪器通过 NI SC—2075 板输出的信号，经过光电隔离后，可驱动一个小电机模拟供水泵，液位控制外接硬件电路如图 3-8 所示。

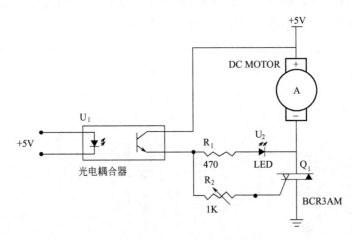

图 3-8　液位控制外接硬件电路

第4章

温度PID控制

NI SC—2075 板卡中有 8 通道的模拟量输入端口，通过它可以将传感器检测到的外部设备的工作状态信号采集进来。同时利用模拟端口输出控制信号控制温度的变化。本章主要介绍模拟量端口进行控制。

温度是工业生产中最常见和最基本的工艺参数之一，许多物理变化和化学反应过程均与温度密切相关。例如，在冶金、化工、电力、机械制造和食品加工等许多领域，人们需要对各类加热炉、热处理炉、反应炉和锅炉中的温度进行精确监测和控制。整个温控系统的控制功能主要通过控制算法和控制电路配合来实现。目前提出的控制算法有很多种，但根据偏差进行控制的 PID 算法，经实际运行经验和理论分析都表明其能满足很多工业对象的控制要求，所以至今仍是一种应用最广泛的控制算法。

温度信号的采集用 K 型热电偶测量。常规 PID 的离散化的表达式为：

$$v_n = K_p(e_n - e_{n-1}) + K_i \sum_{j=0}^{n} e_j + K_d(e_n - e_{n-1}) \tag{4-1}$$

式中　　v_n——第 n 步 PID 调节器的输出；

$\quad\quad K_p$——比例调节系数；

$\quad\quad K_i$——积分调节系数；

$\quad\quad K_d$——微分调节系数；

$\quad\quad e_n$——第 n 步的偏差；

$\quad\quad e_{n-1}$——第 $n-1$ 步的偏差；

$\quad\quad e_j$——第 j 步的偏差；

其中 $K_i = K_p T / T_i$，$K_d = K_p T_d / T$，其中 T 为采样周期。按式 (4-1) 编写程序时，在编写程序时其紧前值由移位寄存器控制。温度控制的背板程序如图 4-1 所示。

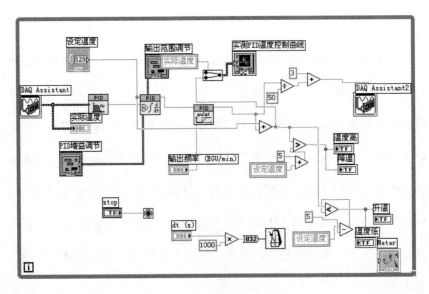

图 4-1　温度控制的背板程序

前面板控制界面如图 4-2 所示。

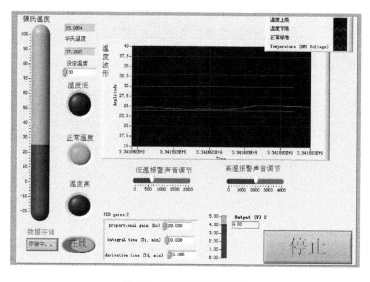

图 4-2　前面板控制界面

当温度低于设定值时，虚拟仪器的输出信号经过光电隔离后，可使直流电加热器加温，温度控制外接电路如图 4-3 所示。

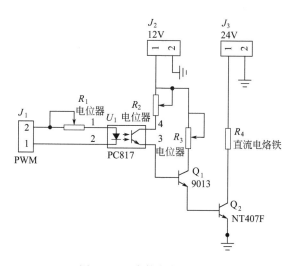

图 4-3　温度控制外接电路

温度报警程序如图 4-4 所示。

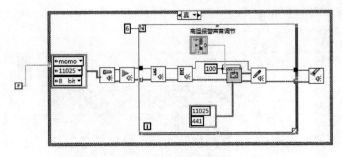

图 4-4　温度报警程序

第5章

电动机控制系统仿真

以往的电机仿真系统都是利用 Matlab 来做，此次利用 LabVIEW 进行仿真，应用 LabVIEW 的优点是它不仅可以仿真，同时也可以实际测量有关信号，并能将数据保存，留作后用。本章将讨论如何应用 LabVIEW 对步进电机和三相异步电动机进行仿真并实测相关参数。

5.1 步进电动机控制系统仿真

步进电动机是一种将电脉冲信号转换成相应的角位移（或线位移）的机电执行元件。采用步进电动机构成的控制系统具有价格低、控制简单、维护容易等优点，特别是随着微型计算机和电子技术的发展，使步进电动机得到了更加广泛的应用，同时也对步进电动机的运行性能提出了更高的要求，所以对步进电动机的控制方法进行研究，对充分发挥步进电动机的工作性能，将会起到积极的作用。

5.1.1 步进电动机的数学模型

（1）电压方程

$$
\begin{bmatrix} u_a \\ u_b \\ u_c \end{bmatrix} = \begin{bmatrix} R_a & 0 & 0 \\ 0 & R_b & 0 \\ 0 & 0 & R_c \end{bmatrix} \begin{bmatrix} i_a \\ i_b \\ i_c \end{bmatrix} = \begin{bmatrix} L_{aa} & L_{ab} & L_{ac} \\ L_{ba} & L_{bb} & L_{bc} \\ L_{ca} & L_{cb} & L_{cc} \end{bmatrix} \begin{bmatrix} \dfrac{di_a}{dt} \\ \dfrac{di_b}{dt} \\ \dfrac{di_c}{dt} \end{bmatrix}
$$

$$
+ \frac{\partial}{\partial \theta} \begin{bmatrix} L_{aa} & L_{ab} & L_{ac} \\ L_{ba} & L_{bb} & L_{bc} \\ L_{ca} & L_{cb} & L_{cc} \end{bmatrix} \begin{bmatrix} i_a \\ i_b \\ i_c \end{bmatrix} \frac{d\theta}{dt} \tag{5-1}
$$

式中　$u_a, u_b, u_c, i_a, i_b, i_c, R_a, R_b, R_c$——a、b、c 相的相电压、相电流及电阻；

L_{jj}、L_{jk}——各相自感及互感，忽略高次谐波，它们分别由平均分量及基波分量组成；

θ——步进电动机转子的输出角位置。

（2）转矩方程

步进电动机在连续运行状态下，其输出转矩与频率之间的关系称为矩频特性，步进电动机的转矩随着频率的升高而急剧下降，如果以较高频率启动，就可能产生丢步或者不能启动的现象。在步进电动机启动时（理想状态下），电磁转矩 T_e 和负载转矩 T_1 的关系为：

$$
J \frac{d\omega}{dt} = T_e - T_1 \tag{5-2}
$$

式中　J——转动惯量；

ω——步进电动机转子的角速度；

T_e——电磁转矩；

T_1——负载转矩。

当转动惯量 J 一定时，负载转矩 T_1 越大，则 T_e-T_1 就越小，电机就越难启动。

转子转矩平衡方程式为：

$$J\frac{\mathrm{d}^2\theta}{\mathrm{d}t^2}=T_e-D\frac{\mathrm{d}\theta}{\mathrm{d}t}-T_1 \tag{5-3}$$

$$T=\frac{1}{2}\sum\frac{\partial L_{jj}}{\partial\theta}i_j^2+\frac{1}{2}\sum\frac{\partial L_{jk}}{\partial\theta}i_ji_k(j=a,b,c;k=a,b,c;j\neq k)$$

$$\tag{5-4}$$

式中　　D——黏滞阻尼系数；

　　　　J——转动惯量；

　　　　θ——步进电动机的输出角位置；

Ljj，Ljk——各相自感及互感。

（3）电感方程

$$L_{aa}=L_0+L_1\cos(z_r\theta) \tag{5-5}$$

$$L_{bb}=L_0+L_1\cos(z_r\theta-\frac{2\pi}{3}) \tag{5-6}$$

$$L_{cc}=L_0+L_1\cos(z_r\theta-\frac{4\pi}{3}) \tag{5-7}$$

$$L_{ab}=L_{ba}=L_{01}+L_{12}\cos(z_r\theta-\frac{\pi}{3}) \tag{5-8}$$

$$L_{bc}=L_{cb}=L_{01}+L_{12}\cos(z_r\theta-\pi) \tag{5-9}$$

$$L_{ca}=L_{ac}=L_{01}+L_{12}\cos(z_r\theta-\frac{2\pi}{3}) \tag{5-10}$$

式中　　　　　z_r——步进电动机的转子齿数；

L_{aa}，L_{bb}，L_{cc}——a、b、c相的自感；

L_{ab}，L_{bc}，L_{ca}——a、b、c相之间的互感；

　　　　　　L_0——各相初始自感；

　　　　　L_{01}——各相间初始互感；

　　　　　　L_1——各相自感；

　　　　　L_{12}——各相间互感。

（4）传递函数

根据数学模型，用不同的方法可以得到不同的传递函数。步进电动机输入的是脉冲信号，假设期望步进电动机转过一个 θ_1 的角度，而实际转过的角度为 θ_2，则可以导出步进电动机的传递函数：

$$G（s）=\frac{\theta_2（s）}{\theta_1（s）} \tag{5-11}$$

式中　$\theta_1（s）$——$\theta_1（s）=\iint \varepsilon_1(s)\mathrm{d}t\,\mathrm{d}t$；

$\qquad \theta_2(s)$——$\theta_2(s)=\iint \varepsilon_2(s)\mathrm{d}t\,\mathrm{d}t$。

其中，$\varepsilon_1（s）$ 和 $\varepsilon_2（s）$ 分别为期望的角加速度和实际的角加速度。

以三相步进电动机为例，以 a 相为参考相，其绕组 a、b、c 相的相电压平衡方程式为：

$$u_a=Ri_a+L\,\mathrm{d}i_a/\mathrm{d}t-k_m\omega\sin（z_r\theta） \tag{5-12}$$

$$u_b=Ri_b+L\,\mathrm{d}i_b/\mathrm{d}t-k_m\omega\sin（z_r\theta-120°） \tag{5-13}$$

$$u_c=Ri_c+L\,\mathrm{d}i_c/\mathrm{d}t-k_m\omega\sin（z_r\theta+120°） \tag{5-14}$$

式中　　　　k_m——电机转矩常数；

u_a，u_b，u_c——a、b、c 相的相电压；

i_a，i_b，i_c——a、b、c 相的相电流；

R_a，R_b，R_c——a、b、c 相的相电阻；

z_r——步进电动机的转子齿数；

θ——步进电动机的输出角位置；

ω——步进电动机的角速度。

转子转矩平衡方程式为：

$$J\frac{\mathrm{d}^2\theta}{\mathrm{d}t^2}+D\frac{\mathrm{d}\theta}{\mathrm{d}t}+k_m i_a\sin（z_r\theta）+k_m i_b\sin（z_r\theta-120°）$$

$$+k_m i_c\sin（z_r\theta+120°）+T_1=0 \tag{5-15}$$

假设 $T_1=0$，单相励磁，由公式（5-3）和公式（5-15）可得步进电动机的运动方程为：

$$J\frac{d^2\theta}{dt^2}+D\frac{d\theta}{dt}-\frac{z_r Li_a^2}{2}\sin z_r\theta=0 \tag{5-16}$$

假设转子达到平衡位置时，$t=0$，$\frac{d\theta}{dt}=0$，有细微振荡，由于只是单相励磁，所以 i_a 不变，其增量方程为：

$$J\frac{d^2(\delta\theta)}{dt^2}+D\frac{d(\delta\theta)}{dt}-\frac{z_r Li_a^2}{2}\sin z_r(\delta\theta)=0 \tag{5-17}$$

增量 $\delta\theta$ 很小，并 $\delta\theta=\theta_2-\theta_1$，上面方程可以变化，整理得到：

$$J\frac{d^2\theta_2}{dt^2}+D\frac{d\theta_2}{dt}+\frac{Li_a^2}{2}z_r^2(\theta_2-\theta_1)=0 \tag{5-18}$$

把 $\theta_1(s)=\iint\varepsilon_1(s)dt\,dt$，$\theta_2=\iint\varepsilon_2(s)dt\,dt$ 代入式(5-18)中，整理得到：

$$J\varepsilon_2+D\int\varepsilon_2 dt+\frac{Li_a^2}{2}z_r^2\iint\varepsilon_2 dt\,dt=\frac{Li_a^2}{2}z_r^2\iint\varepsilon_1 dt\,dt \tag{5-19}$$

由拉氏变换，并整理可以得到：

$$G_1(s)=\frac{\varepsilon_2(s)}{\varepsilon_1(s)}=\frac{Li_a^2 z_r^2}{2Js^2+2Ds+Li_a^2 z_r^2} \tag{5-20}$$

$$\Rightarrow G_1(s)=\frac{\varepsilon_2(s)}{\varepsilon_1(s)}=\frac{Li_a^2 z_r^2/2J}{s^2+Ds/J+Li_a^2 z_r^2/2J} \tag{5-21}$$

电机的有关参数：电感 $L=0.00031\text{H}$；$z_r=40$；$J=0.00062\text{kg.m}^2$；$D=0.031$。为了计算方便，取 $i_a=1.0\text{A}$，则公式（5-21）代入相应参数得到步进电机的传递函数为：

$$G_1(s)=\frac{400}{s^2+50s+400} \tag{5-22}$$

5.1.2　增量式 PID 控制器

步进电动机需要的是控制量的增量，所以采用增量式 PID 控制器。增量式 PID 控制算式是指数字控制器的输出只是控制器的增量 Δu

(k)。采用增量式算法时，计算机输出的控制增量 Δu (k) 对应的是本次执行机构位置的增量。

$$\Delta u\ (k)\ =K_P\Delta e\ (k)\ +K_I e\ (k)\ +K_D\ [\Delta e\ (k)\ -\Delta e\ (k-1)\ ]$$

$$(5-23)$$

式中　Δu (k)——第 k 步 PID 调节器的输出；

　　　　K_P——比例调节系数；

　　　　K_I——积分调节系数；

　　　e (k)——第 k 步的偏差；

　　$e\ (k-1)$——第 $k-1$ 步的偏差；

　　$e\ (k-2)$——第 $k-2$ 步的偏差。

其中，Δe $(k)\ =e$ $(k)\ -e$ $(k-1)$。

5.1.3　仿真实验

在建立了系统的模型后，对该系统进行仿真。步进电动机控制系统的仿真结果如图 5-1 所示。

(a) 速度控制器前面板

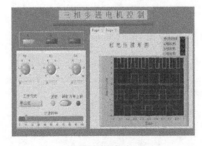

(b) 相电压波形

图 5-1　步进电动机控制系统的仿真结果

本节以三相步进电动机为例介绍了如何应用 LabVIEW 对步进电动机进行仿真，同理，我们也可以将此方法应用于其他相数的步进电动机。

5.2 交流电动机仿真

由于全世界都面临着能源危机，节能已经成为许多先进技术的首要评定标准。据统计，我国发电量的 60％～70％ 用于交流电动机将电能转变为机械能带动负载运行，调速可以大幅度的节约能源，降低生产成本。我国国产的变频器占国内市场的份额不到市场需求总量的 20％，其余 80％ 的市场由国外产品占领。目前节能减排是全世界都在关注的焦点问题，节能的关键是节电。根据 2008 年 4 月颁布实施的《中华人民共和国节约能源法》第 39 条，将变频调速列入通用节能技术加以推广。鉴于三相的交流电动机使用非常广泛，下面将讨论如何应用 LabVIEW 对三相交流电动机进行仿真。

三相交流电动机的矢量控制算法在很多书上都有介绍（在此不再赘述），我们根据此算法编写了相关仿真程序，以往的仿真程序都是用 Matlab 做的，而此次，我们采用了 LabVIEW 来做，应用 LabVIEW 的最大的优点是不仅可以实测电动机运行时的电流和速度，以及其他相关参数；也可以通过 NI SC—2075 板的数字端口输出信号，如果后面再接功率器件，即可实现变频器的功能。

首先介绍电流的测量，矢量控制中交流电动机仿照直流电动机进行控制，需要用到电流的变换，因此对电流进行测量是非常重要的。我们利用 HONEYWELL 公司的电流传感器 CSNE 151-100 测量了电流，CSNE 151-100 为多量程、小体积的电流传感器，基于磁补偿原理，可测量直流、交流或脉动电流。原/副边电路之间电气绝缘。采取的接线方式根据其技术手册提供的原边电流的大小来选择。在此，我们测量了其中两相电流，第三相可以通过计算得到。

其次是对转速的测量，我们自制了转速传感器。利用 TCRT5000L 光电传感器测量速度，光电测速如图 5-2 所示。

在电动机上刷上黑白不同的颜色，当检测到是黑色时，二极管不动作，

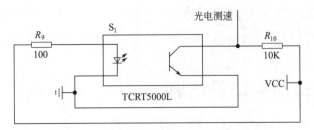

图 5-2　光电测速

产生高电平，当检测到白色时，二极管动作，产生低电平，这样电机转一转，就产生一个方波信号，最后算出信号的频率就可得出电机的转速。

　　实验硬件接线如图 5-3 所示。

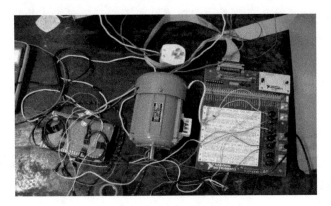

图 5-3　实验硬件接线

实测转速、电流波形如图 5-4 所示。

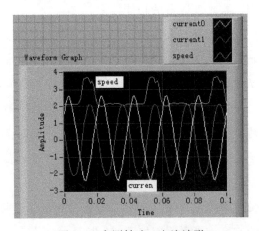

图 5-4　实测转速、电流波形

仿真的 SPWM 波如图 5-5 所示。

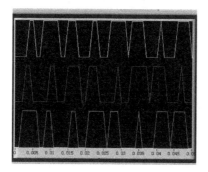

图 5-5　仿真的 SPWM 波

第6章

网络通信实验

随着仪器仪表智能化程度和通信能力的不断提高，传统的集中测量正在向分布式测量转变，本地测量也正在向远程测量转变。测控方式网络化，是测控技术发展的必然趋势，LabVIEW 具有强大的网络通信功能，用户可以容易地编写出具有强大网络通信能力的 LabVIEW 应用程序，以实现远程测控。LabVIEW 中所提供的通信方式包括：浏览器、DataSocket、TCP/IP、RDA 等。本章将讨论利用上述通信方式完成远程测控系统的建立。

6.1 浏览器方式

浏览器方式适用于数据传送量不大的情况，对客户端的要求很低，不需要在客户端安装相应的客户端软件，只需通过浏览器便可登录服务器对远程系统进行监控，该方法易于实现、操作方便。在这种方式下，服务器把虚拟仪器应用程序的前面板发布到 Web 页面上，远端（客户机端）可用浏览器观察，并通过设置 Request/Release control VI 获得客户端的远程控制权限。该方式用户无需编程，在将程序发布到网络之前要利用 LabVIEW 的 Tools->Options->web server configuration 进行设置。客户端浏览器界面如图 6-1 所示。

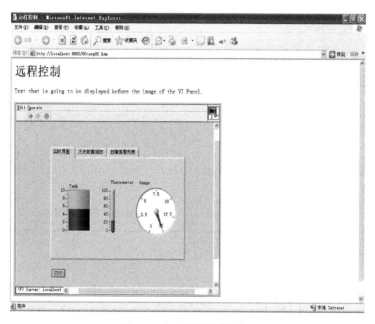

图 6-1　客户端浏览器界面

6.2　DataSocket（DS）技术

DataSocket 是基于 C/S（Client/Server）模式面向测量与自动控制的网上实时数据交换的编程新技术，适合数据传送量大的情况，而且具有效率高、数据可靠完整、兼容性强等特点。DataSocket 由 DS Server Manager、DS Server、DS 函数库以及数据传输协议 DSTP（DataSocket Transfer Protocol）、统一资源定位符 URL（Uniform Resource Locator）和文件格式等技术规范组成。DS Server Manager 主要用于设置 DS Server 可连接的客户程序的数目和可创建的数据项（Data Item）的数目，设置用户和用户组，以及设置用户访问和管理数据项的权限。DS Server Manager 设置界面如图 6-2 所示。

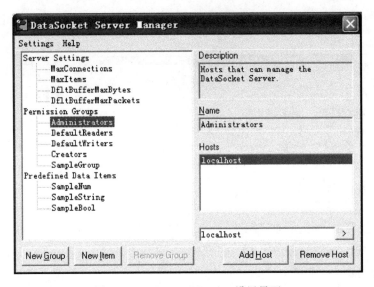

图 6-2　DS Server Manager 设置界面

DS Server 是一个独立运行的程序，它负责和用户程序之间的数据交换。在运行 C/S 系统之前，应先运行 DS Server。DS 采用基于 TCP/IP 的 DSTP 协议传输数据，同时又为 HTTP、FTP 和文件 I/O 等通信协议提供统一的应用程序接口（Application Programming Interface，API），编程人员无需为不同的数据格式和通信协议编写具体的程序代码，就可以在测控网络上实时发布及共享数据。DS 的函数库主要包含有 Open、Read 等函数。DataSocket 传输的数据本身包含很小的头文件，因此，数据传输速度快，适合于在网络上大量实时数据的传输。利用网络上的单独一台计算机作为服务器，完成数据采集和发布功能，连接到网络上的其他计算机作为客户机，应用 DataSocket 技术实现实时数据传输的程序框图和前面板如图 6-3 所示，该程序可实现客户机与服务器的全双工通信。

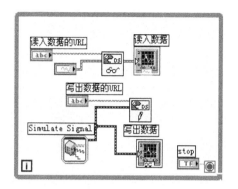

(a) 程序框图

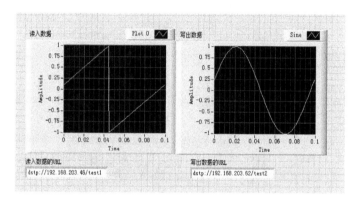

(b) 前面板

图 6-3　应用 DataSocket 技术实现实时数据传输的程序框图和前面板

6.3　TCP/IP 方式

TCP/IP 协议作为最基本的网络协议，有着良好的实用性和开放性。在 LabVIEW 应用中，通过 TCP/IP 编程来实现远程测控，不需要外部软件的支持，系统的安全性较高，并且开发设计非常灵活。在 LabVIEW 中常用的 TCP 功能函数有：TCP Listen、TCP Open、TCP Read、TCP Write、TCP Close。应用 TCP/IP 协议实现的远程测控程序框图如图 6-4 所示。

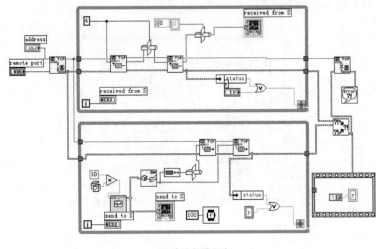

(a) 客户机端程序

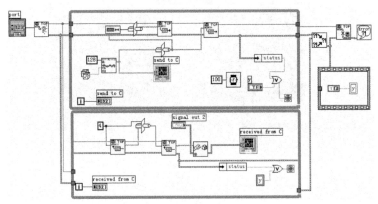

(b) 服务器端程序

图 6-4　应用 TCP/IP 协议实现的远程测控程序框图

下篇

基于Arduino平台的机电控制系统设计与实践

　　Arduino是一个源自意大利的开放源代码硬件项目平台，该平台包括了具备I/O功能的电路板以及一套程序开发环境软件。Arduino使用类似Java和C语言的Processing/Wirting开发环境，可以通过各种不同的传感器来检测和感知环境，通过控制灯光、马达和其他装置来反馈和影响环境。板子上具有微控制器，可以通过Arduino编程语言进行程序编写，并编译成二进制的文件，再写进微控制器。Arduino包含硬件部分和软件部分两个主要部分。硬件部分是可以用来做电路连接的Arduino电路板；软件部分则是Arduino IDE软件，Arduino IDE是在个人计算机中的程序编辑环境。用户只要在IDE环境中编写好程序，将程序写到Arduino开发板，Arduino便可执行相应的功能过程。

　　本篇将介绍基于Arduino开发平台的多种机器人的结构及控制系统设计，蓝牙遥控、实时视频监控行进以及LabVIEW、Android和Arduino的连接。

第7章

轮式小车设计

对轮式小车的设计，有两种解决方案，方案一为三轮型小车，方案二为四轮型小车。每种方案都有优缺点。

其中方案一中的三轮小车用两个前轮作为主动轮，分别使用一个直流电动机驱动，后万向轮为从动轮，优点是控制系统设计简单，只需要考虑两个主动轮的运动状态即可；缺点是车体结构如果装上机械臂之后重心增高，三轮车体运行不稳定，容易侧翻。方案二中的四轮小车为四驱型小车，四个轮子分别有直流电动机驱动，都为主动轮，优点是四轮车体结构稳定，装上机械臂之后行走时不易侧翻；缺点是结构稍复杂，所有元器件稍多。

本章设计了三轮型小车和四轮型小车两种结构的小车，通过查阅常用零件规格，加上自己的结构创意运用 Solidworks 来进行三维建模，完成了两种小车结构方案的设计装配效果图，分析并验证了方案的可行性，为后期实物制作奠定了基础；并对两种小车的循迹控制系统设计做分别介绍，又考虑到了两种小车控制系统设计的原理、软件和硬件都具有一定的相似性。

7.1 三轮型小车结构

三轮型小车的主体结构是一套铝合金支撑杆和半透明塑料圆盘，后

轮为铁质万向轮结构，前轮由两个塑料轮毂和橡胶轮胎组成，实际应用
中可视使用场合使用强度更好的结构材料。三轮型小车整体结构效果图
如图7-1所示，图7-1中，1为万向轮轮珠，2为万向轮支架，3为小车
底盘，4为铝合金支撑杆，5为左前轮，6为上支撑板，7为右前轮。其
中小车底盘底部用来安装前后轮、直流电动机和红外传感器；底盘上部
用来安装控制板、摄像头、WiFi模块和电源等；上支撑板用来安装机
械臂及其控制模块。图7-2为三轮型小车后万向轮结构效果图，后轮采
用万向轮结构有利于小车自由灵活转向。

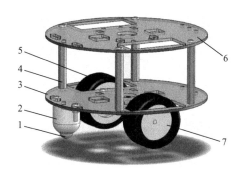

图 7-1　三轮型小车整体结构效果图

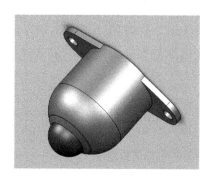

图 7-2　三轮型小车后万向轮结构效果图

7.2　三轮型循迹小车硬件系统设计

本节的设计目的是制作一个小型智能循迹小车，利用传感器使其具
有视觉功能，通过软件编程，小车可以成功感知路线，自主导航，循着

轨道线的方向行走。跑道一般为白底黑线，黑线一般为电工胶带，白底用白色泡沫板或者浅色的地板制作，运动范围在一般的房间内即可满足。循迹小车的基本原理是：小车的红外传感器检测到黑线后发送给控制器，控制器判断应该如何行走，再通过电机驱动板控制电机转速来改变小车的行驶方向。

7.2.1 硬件模块介绍

控制系统主要由 1 块 Arduino UNO R3 开发板、1 块 Arduino Sensor Shield V5.0 扩展板、1 块 L298 直流电动机驱动板、2 个 130 型直流电动机、3 个红外传感器、1 个 DC 降压模块、两节 2.5C，3.7V 的电池和 1 个 9V 电池组成。小车以 Arduino UNO 为控制核心，利用红外反射式光电传感器对路面黑色轨迹进行检测，并将路面检测信号情况反馈给 Arduino 单片机，对采集到的信号予以分析判断，及时控制驱动电机以调整小车行进方向，从而使小车能够沿着黑色轨迹自动行驶，实现小车自动循迹行进的目的。

红外传感器工作原理如下。

当光源发射出的红外线投射到被测物体上，被测物体又将部分光通量反射到光敏器件上。反射的光通量取决于被测物体的反射条件。该形式常用于表面测量和转速测量。本系统所使用的红外循迹传感器是在白纸上使用，当传感器在黑色区域上面时，传感器会产生低电平信号；当它在白色区域上面时，此时为高电平信号，传感器上的灯会亮着。

系统所用的传感器的技术参数如下。

① 检测高度，检测白纸高度距离地面约 2cm。颜色不同距离也有所不同，白色最远。

② 供电电压为 5V，不要超过 5V（注意：用低电压供电最佳，若供电电压过高，传感器寿命会变短）。

③ 工作电流，5V 时为 18～20mA，实验表明传感器性能最佳时的工作电流应设置为 18～20mA。

④ 若检测到黑线，信号端输出低电平；若未检测到黑线，信号端

输出高电平。

⑤ 检测白线的原理与检测黑线一样，若检测白线，白线周边的颜色也要接近黑色，接着调节红外传感器可调电阻，把灵敏度调低，直到周边的颜色刚好检测不到，这样即可检测白线了。

为了更好地设计硬件，下面介绍一下 Arduino UNO R3 开发板和 Arduino Sensor Shield V5.0 扩展板的引脚。图 7-3 所示为 Arduino UNO R3 开发板（具体的接口端子可参考相关数据手册），它是一个开源硬件开发板，上面的数字端口 0～13 的 14 个引脚是 Arduino 的双向数字信号引脚，有些引脚也可输出 PWM 脉冲；下面的模拟端口（0～5）是模拟信号读取引脚，只能输入；模拟端口左边的引脚中常用的有复位（RESET）、5V、3V 和 GND。板子左边有两个接口，下面的是电源接口，支持 5～12V 外部电源供电使用；上面的是 USB 接口，主要作用有三个：往 Arduino 上写程序、提供 5V 电源和提供与计算机进行串口通信的硬件连接。

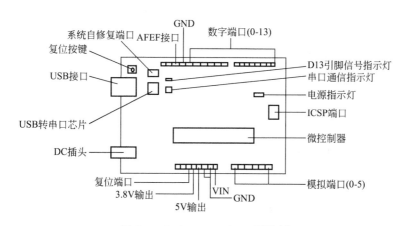

图 7-3　Arduino UNO R3 开发板

一般情况下，使用 Arduino 与低功耗元器件进行连接的话，是可以用 USB 来提供电源。但是如果要用到高功耗元器件，例如大电流大扭矩舵机的话，此时要使用外接电源来供电。

由于 Arduino　UNO 提供的接口有限，为了解决这个问题，使用者可以通过 Arduino 兼容扩展板来解决接口不够用的问题。本设计三轮小车使用的是 Arduino Sensor Shield V5.0。Arduino Sensor Shield V5.0 的部分功能示意图如图 7-4 所示（具体的接口端子可参考相关数据手册），扩展板上有着几十个可用引脚，资源比 Arduino 原生板上的多。

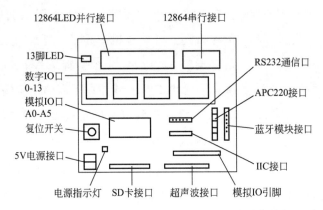

图 7-4　Arduino Sensor Shield V5.0 的部分功能示意图

Arduino Sensor Shield V5.0 与 Arduino UNO R3 可叠层连接。

7.2.2　硬件系统设计

三轮型智能循迹小车整体示意图如图 7-5 所示，三轮型智能循迹小车底部示意图如图 7-6 所示。其中，左右两个直流电机安装在底盘下部，左右两个后轮安装在直流电机输出轴上，直流电机驱动板、红外光电传感器和电源安装在底盘上部，Arduino UNO R3 开发板安装在上支承板上，传感器扩展板叠放安装在开发板之上。

用 Arduino UNO R3 作为小车主控制器，选用 Arduino Sensor Shield V5.0 传感器扩展板来扩展传感器，Arduino Sensor Shield V5.0 与 Arduino UNO R3 为叠层连接，也就是说，扩展板只是将相应的引脚从 Arduino 板子上引出。L298 直流电机驱动板的 ENA、IN 和 ENB 引脚连接在 Arduino 电机驱动扩展板的 Sinal 引脚上，三个传感器分别连接在扩展板的数字输入输出端口（GVS）引脚上。将两节 2.5C、

图 7-5　三轮型智能循迹小车整体示意图

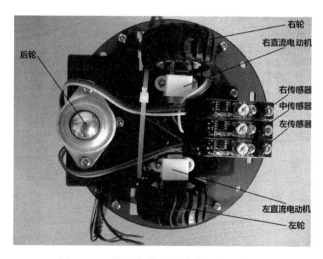

图 7-6　三轮型智能循迹小车底部示意图

3.7V 的 18650 型号电池连接到扩展板的 VCC 接口给红外传感器和直流电动机驱动板供电。驱动电动机的电源取自 Arduino UNO R3 控制板的 Vin 引脚。在 Arduino IDE 开发环境中将程序编辑好后，下载到 Arduino UNO R3 控制板，然后接通电源，扩展板接受到指令便控制传感器和电动机驱动板执行操作了。

　　两个直流电动机控制机器人前进、转弯和停止功能，每个电动机有红、黑两条控制线，分别为电源和信号线，左右两个直流电动机分别连接到直流电动机控制板 L298 的 MOTOR B 和 MO-TOR A 接口。

系统工作时，Arduino UNO 通过硬件串口，将直流电动机的控制信号发送给直流电动机控制板，从而间接驱动直流电动机。直流电动机控制板通过杜邦线连接到 V5 扩展板的 Sinal（S）引脚上。

利用三个红外反射传感器来作为机器人的眼睛，使用前先安装调节三个传感器的位置，三个传感器安装于小车前方底盘中间处，并列靠紧安装。小车被放置在跑道地面上时，传感器距离地面的距离约为 2cm，并对向地面，用来检测地面上的黑色跑道。位置安装好后开始接线，该传感器有三个接线端，分别是 GND、VCC、OUT，GND 接地，VCC 接＋7.4V 电源，输出端 OUT 接到 Arduino 扩展板的数字输入输出引脚上，我们使用的是 7、4、3 引脚。硬件部分整体线路连接图如图 7-7 所示。

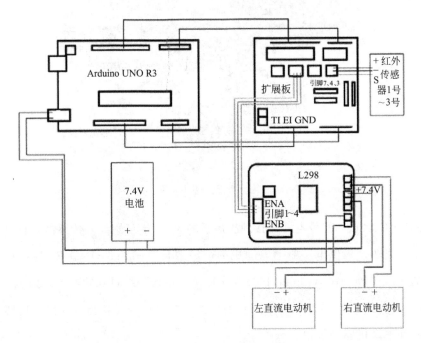

图 7-7　硬件部分整体线路连接图

7.3 三轮型小车的运动分析与调试

7.3.1 运动分析

三轮型小车系统的设计要求是机器人可以在红外传感器检测到轨道黑线存在的情况下，成功沿着黑线自主行走。系统功能模块图如图 7-8 所示。机器人通过红外传感模块不断发射和接收红外信号，去感知是否有轨道黑线存在，红外传感模块将信号反馈给 Arduino 主控制板，通过串口，将控制信号传送给直流电动机驱动板，使左、右两个电动机做出相应反应。

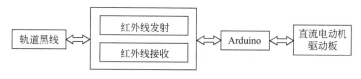

图 7-8 系统功能模块图

机器人的底部装有红外传感器，显而易见，红外传感器的数量越多，所反馈的信息越多，从而使循迹前行越精确。该系统使用了三个红外反射传感器，分别装在机器人底盘下的左、中、右三个位置，当传感器检测到轨道黑线时将输出低电平，反之，输出高电平。主控制板不断检测传感器的输出值，总共有八种检测结果，针对每种检测结果，主控制板要控制机器人做出最优的避障反应。表 7-1 是传感器检测输出情况与机器人反应的对照表。

表 7-1 传感器检测输出情况与机器人反应的对照表

左侧传感器	中间传感器	右侧传感器	黑色轨道位置	机器人反应
0	0	0	无此种情况（所设计轨道宽度不超过三只传感器总宽度，转弯角度平缓）	无
0	0	1	左前方	左转
0	1	0	无此种情况（所设计轨道相邻旁轨距离超过左右传感器之间的距离）	无
0	1	1	左侧	快速左转

左侧传感器	中间传感器	右侧传感器	黑色轨道位置	机器人反应
1	0	0	右前方	右转
1	0	1	正前方	直走
1	1	0	右侧	快速右转
1	1	1	无	停止

注：0代表传感器检测到轨道黑线，1代表传感器没有检测到轨道黑线。

三轮型智能循迹小车用三支红外传感器来实现循迹自走，三支传感器的检测输出情况共八种。

如果中间的传感器在黑色区域上，可能会出现三种情况：只有中间传感器在黑色区域上方，此时小车沿着轨迹直行；仅右边传感器和中间传感器在黑色区域上方，此时小车右转；仅左边传感器和中间传感器在黑色区域上方，此时小车左转。

第一种情况下由于小车偏离轨道较近，要求小车不能走得太快，转弯时不需要过急。后两种情况时，小车只是在指定的轨迹上稍微往外偏移，可以以低速转弯而回到指定的轨迹上。

如果中间的传感器不在黑色区域上，可能会出现三种情况：仅右边的传感器在黑色区域上方，此时小车快速右转；仅左边的传感器在黑色区域上方，此时小车快速左转；3个传感器都不在黑色区域上方，此时小车停止前进。前两种情况时三轮型智能循迹小车在指定的轨迹上大幅度地偏移，必须快速转弯以回到轨迹上，因此要求小车反应迅速，转弯要快。

此外，还有两种特殊情况：三支传感器同时在黑色区域上方，由于所设计轨道宽度小于三支传感器检测范围的总宽度，转弯角度平缓，因此小车在循迹前行过程中不会出现此种情况；仅左右两侧传感器在黑色区域上方，由于所设计轨道相邻旁轨之间距离超过左右两侧传感器检测范围之间的距离，因此小车在循迹前行过程中不会出现此种情况。

总之，本设计中小车使用 3 个传感器来循迹自走时会出现六种情况，循迹过程分解示意图如图 7-9 所示。

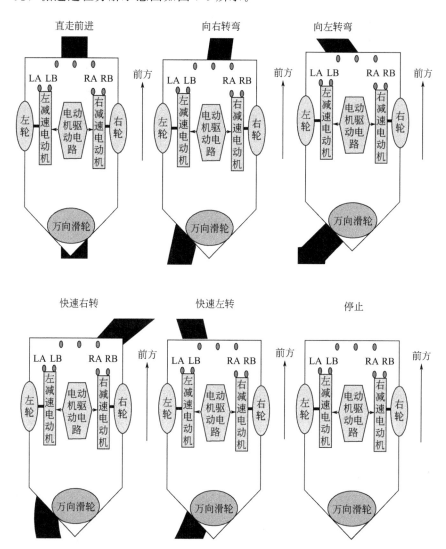

图 7-9　循迹过程分解示意图

7.3.2　智能小车运行调试

（1）传感器检测装置调试

在装配好的三轮型智能循迹小车底盘下安装三个红外反射式循迹传感器模块。三个传感器的三个引脚分别与 Arduino 控制板上的数字引脚连接。传感器的安装位置影响到采集信号的精度，必须进行多次试验。

刚开始时，将三个传感器的位置放在车中心区域，发现当车子要转弯时，车的前半身已过了轨迹，效果不太好，让人觉得小车行进时反应慢，有延迟。后来，三个传感器的安装位置设在之前的前 13mm 处，恰好此时传感器采集信号端在车头附近，比之前更早地采集到信号。传感器的高度是很重要的，若传感器几乎贴地，这样采集信号会出错；若传感器放在较高的位置，不能采集到信号，所以，传感器的安装高度最后确定在 20mm 左右。

（2）直流电动机调试

L298N 模块对电动机的调速用到了线性放大调速原理。直流电动机的转速计算公式如下：

$$n = \frac{(U-IR)}{K\phi} \tag{7-1}$$

式中　U——电枢端电压，V；

　　I——电枢电流，A；

　　R——电枢电路总电阻，Ω；

　　ϕ——每极磁通量，Wb；

　　K——电动机结构参数，无量纲。

在式（7-1）中各参数已经确定的情况下，直流电动机调速的唯一可控量就是电压 U。通过调整电压就能调整直流电动机的转速。在一定范围内，电压值越高，直流电动机转速越快；反之，电压值越低，直流电动机转速就越慢。所以，在 L298N 电动机驱动模块中，EA 与 EB 通过 PWM 信号决定输出电压的高低来控制电动机的速度。在进行编程时，电动机先通过 PWM 来设置好速度的大小，速度的大小范围在 0～255，这里取 100，速度为慢。

7.4　三轮型小车系统程序设计

系统软件主要包括初始化程序、循迹子程序和执行主函数三部分。循迹子程序段，用来实现循迹过程中小车的行进和方向的控制。采用

void setup（）函数进行初始化后，运用 void loop（）函数进行程序的执行。在 Arduino 中，主函数在内部定义了，我们只需要完成 void setup（）函数与 void loop（）函数的编写，这两个函数均无返回值，分别负责 Arduino 程序的初始化部分和执行部分。void setup（）函数用于初始化，一般放在程序开头部分，主要作用是设置引脚的输出/输入模式，初始化串口等，只在上电或重启时执行一次。void loop（）函数则用于执行程序，其中的代码将被循环执行，用于完成程序的动作功能。

（1）初始化程序

初始化程序主要完成以下内容。

① 直流电动机引脚设置。

首先要定义各个电动机的接口名称，将右电机的 1、2 引脚分别连接到直流电动机驱动板的 8、9 接口，左电动机的 1、2 号引脚分别连接到直流电动机驱动板的 11、12 接口。采用 int Motor 语句定义两个直流电动机引脚位，例如：int MotorRight1＝8；该语句指右直流电动机 1 号引脚的脚位为 8，即在右直流电动机连线时将其接在直流电动机驱动板的引脚 8 上。并定义直流电动机为输出脚位，如：pinMode（MotorRight1，OUTPUT）。

② 传感器引脚设置。

首先要定义各个传感器的接口名称，将右、中、左三个传感器依次连接到 Arduino 扩展板的 7 号、4 号、3 号引脚，并分别定义三个传感器初始状态；采用 const int Sensor 语句定义三个传感器输入脚，例如：pinMode（SensorLeft，INPUT）。

③ 设置波特率。

电机驱动板与 Arduino 主控制板之间是串口通信，定义波特率为9600。

程序如下：

```
int MotorRight1=8; //定义右直流电动机 1 号引脚接直流电动机
驱动板脚位 8
int MotorRight2=9; //定义右直流电动机 2 号引脚接直流电动机
驱动板脚位 9
int pwmR=5; //右直流电动机脉宽调速引脚（ENA）接直流电动机
驱动板脚位 5
int pwmL=10; //左直流电动机脉宽调速引脚（ENB）接直流电动
机驱动板脚位 10
int MotorLeft1=11; //定义左直流电动机 1 号引脚接直流电动机
驱动板的端口 11
int MotorLeft2=12; //定义左直流电动机 2 号引脚接直流电动机
驱动板的端口 12
const int SensorLeft=7; //左传感器输入脚
const int SensorMiddle=4 ; //中间传感器输入脚
const int SensorRight=3; //右传感器输入脚
int SL; //左传感器状态
int SM; //中间传感器状态
int SR; //右传感器状态
```

（2）循迹子程序

此程序中先针对中间的循迹传感器来编程，把它放在选择结构的第一级中，因为循迹自走运动中，中间传感器位置决定了循迹转速的快慢，它是首要的因素；然后基于对中间传感器的信号而进行第二级的选择，第二级是具体的功能指令的选择。主程序流程图如图 7-10 所示。

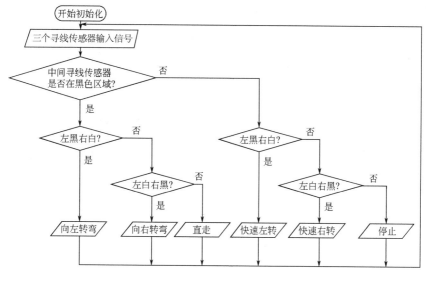

图 7-10　主程序流程图

由图 7-10 可知，三轮型智能循迹小车控制流程如下。

如果只有中间传感器测到黑线，则小车直走前进；如果中间传感器没有测到黑线而左边传感器测到黑线，则小车严重右偏，小车快速左转弯；如果中间传感器没有测到黑线而右边传感器测到黑线，则小车严重左偏，小车快速右转弯；如果中间和左边传感器测到黑线，则小车稍微右偏，小车左转弯；如果中间和右边传感器测到黑线，则小车稍微左偏，小车右转弯；如果三个传感器全部没有测到黑线，则小车到达终点，停车。转弯和快速转弯的区别是：转弯时一只轮子停转，一只轮子正转；快速转弯时一只轮子反转，另一只轮子正转。

（3）执行主函数

在 Arduino 程序中，loop 函数用于执行程序，其中的代码将被循环执行，完成程序控制机器人的循环动作功能。在 loop 函数中，用 digitalRead（）函数定义 Arduino 主板上数字输入输出引脚的读取值，用 if 函数判断三个传感器的实际检测情况与哪种状态相符，从而执行相应状态下的程序。相关控制程序见附录 A。

三轮型小车系统安装调试操作步骤如下。

① 安装硬件，组装好机器人，并连接好电路。

② 在电脑上下载 Arduino 软件平台。

③ 将 Arduino UNO 通过数据线连接电脑，安装驱动。

④ 在 Arduino 软件平台上编辑好程序，程序编辑界面如图 7-11 所示。

图 7-11　程序编辑界面

⑤ 点击 按钮，检查程序无误。

⑥ 插上数据线，点击 按钮，将程序下载到 Arduino UNO 中，串口号为 COM3（开发板不同或者计算机不同串口号也不同）。

⑦ 插上扩展板。

⑧ 装入电池，接通电源，程序运行。

⑨ 选择 A0 号图纸或者白色瓷砖地面作为小车活动场地，用黑色电工胶带贴画出小车轨道。

⑩ 智能小车根据检测情况，判断轨道位置，执行相应的循迹程序，成功循轨道自主行走，如图 7-12 所示。

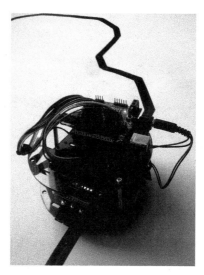

图 7-12　三轮型小车循迹行进演示过程

7.5　四轮型小车

7.5.1　四轮型小车的结构

　　四轮型小车的主体结构是一套铝合金支撑杆、塑钢底盘以及半透明塑料盘，四个轮子都由塑料轮毂和橡胶轮胎组成。实际应用中可视使用场合使用强度更好的结构材料。四轮型小车整体结构效果图如图 7-13 所示。

　　图 7-13 中，1 为右前轮，2 为右后轮，3 为上支撑板，4 为铝合金支撑杆，5 为小车底盘，6 为左后轮，7 为左前轮，8 为直流电动机（四个轮子各连接一个）。其中，小车底盘底部用来安装前后轮、直流电动机、红外传感器和电源等；底盘上部用来安装小车控制模块、机械臂控制模块、摄像头和 WiFi 模块等；上支撑板用来安装机械臂。

7.5.2　四轮型小车循迹系统设计

　　在进行四轮型小车循迹系统设计时，同样采用 Arduino UNO 作为主控制板，不同的是，将 Arduino Sensor Shield V5.0 扩展板换成更加

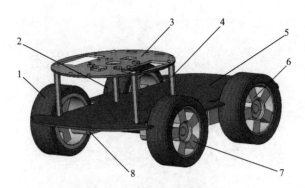

图 7-13 四轮型小车整体结构效果图

适合后续蓝牙和 WiFi 设计的 AR-293D 扩展板，原因在于 Arduino Sensor Shield V5.0 扩展板提供的引脚比较常规，适合于舵机、蓝牙模块和直流电机驱动板的控制，没有 WiFi 模块信号线以及电源线引脚，而 AR-293D 扩展板拥有专门的 WiFi 模块信号线以及电源线引脚、四电动机引脚、蓝牙模块引脚、超声波避障模块引脚和两路舵机引脚等，更集成了 L293D 电动机驱动芯片，所以无需另外接入直流电动机驱动板。AR-293D 上的四电动机接口同样适合于控制四轮小车的四个直流电动机。

　　图 7-14 是 Arduino AR-293D 扩展板电路设计图，其中 J1 为红外传感器引脚位，循迹小车的红外传感器由此取电，P2 的三个引脚位分别为三个红外传感器的信号线输出脚，其中左边传感器接 3 脚，右边传感器接 1 脚，中间传感器接 2 脚。BT 的四个脚位为蓝牙模块的引脚，TJ1 和 TJ2 为两路舵机引脚位，用来驱动两个舵机。WiFi 5V 为 WiFi 模块的 5V 电压供电引脚位，WiFi TTL 为 WiFi 模块的信号线引脚位，本设计中由于只涉及到 WiFi 视频传输，不用 WiFi 对小车行进状态进行控制，所以我们只用到 WiFi 模块 5V 电压引脚，而不用 TTL 引脚。T1 和 T2 区域为四个电动机引脚位，T1 和 T2 中的 1 和 2 位置上的两个引脚都是串联关系，每个电机上的两根线都是分别连接在 1 和 2 位置的一个引脚上。因此，在编程时与三轮小车两个主动轮的方法一致。本设计中将左边的两个轮子连接在 T1 区域的四个引脚上，右边的两个轮子连接在 T2 区域的四个引脚上。其中 T1 接第一个左电动机时，1 接电动机 1 第 1 脚，2 接电动机 1 第 2 脚。T1 接第二个左电动机时，1 接

电动机 2 第 1 脚，2 接电动机 2 第 2 脚。T2 接第三个右电动机时，1 接
电动机 3 第 1 脚，2 接电动机 3 第 2 脚。T2 接第四个右电动机时，1 接
电动机 4 第 1 脚，2 接电动机 4 第 2 脚。AR-293D 扩展板还具备电压表
接口，可接入小型数码管电压表直观的显示出电源电压。

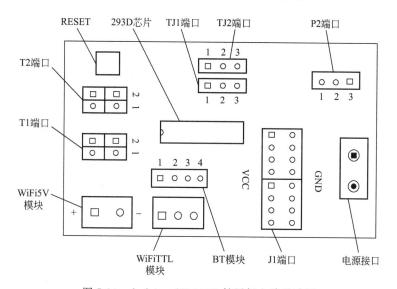

图 7-14　Arduino AR-293D 扩展板电路设计图

　　四轮型小车循迹控制系统结构示意图如图 7-15 所示。最终的寻线
效果与三轮小车一致。在进行红外传感器接线时，将左边传感器信号线
接到开发板的 J1 的 2 脚，中间传感器信号线间接接到开发板 J1 的 4
脚，右边传感器信号线间接接到开发板 J1 的 6 脚；电动机驱动芯片与
开发板连接时，T1 区域 1 号位置驱动电动机信号线接到核心板 14 脚，
T1 区域 2 号位置驱动电动机信号线接到核心板 15 脚，T2 区域 1 号位
置驱动电动机信号线接到核心板 16 脚，T2 区域 2 号位置驱动电动机信
号线接到核心板 17 脚，编程时应确保脚位正确。

7.5.3　四轮型小车循迹系统的程序设计

　　由于 T1 和 T2 中的 1 和 2 位置上的两个引脚都是串联关系，所以
左边的两个轮子转动状态将保持一致，右边两个轮子也将保持一致，所
以在进行程序设计时，还是只需要考虑左轮和右轮的转动状态即可，与

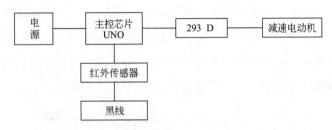

图 7-15　四轮型小车循迹控制系统结构示意图

三轮型小车不同的是，需要将全部四个轮子的转动指令通过编程传递给处理器，最后执行动作。

四轮型小车系统设计的思路和流程与三轮型小车一致，同样采用左、中、右三个红外传感器，我们只需在三轮型小车设计的基础上改变控制板接线和修改程序中的指定脚位即可，使程序符合四轮型小车的运行。

在进行程序设计时同样先定义脚位，如下：

```
int MotorRight1=14;
int MotorRight2=15;
int MotorLeft1=16;
int MotorLeft2=17;
const int SensorLeft=2;  //左传感器输入脚
const int SensorMiddle=4;  //中间传感器输入脚
const int SensorRight=6;  //右传感器输入脚
```

在定义完脚位之后，对小车循迹过程进行分析，与三轮小车类似，当中间传感器在黑色区域时，如果左边传感器检测到白线，右边传感器检测到黑线，将向右转弯，右轮停止，左轮正转；如果左边传感器检测到黑线，右边传感器检测到白线，将向左转弯，左轮停止，右轮正转；当两边都没检测到黑线时则继续前进。

当中间传感器在白色区域时，如果左边传感器检测到白线，右边传感器检测到黑线，说明小车严重左偏，将快速右转，左轮正转，右轮反转。如果左边传感器检测到黑线，右边传感器检测到白线时，说明小车严重右偏，将快速左转，左轮反转，右轮正转。如果左右两边都没检测到黑线，则说明小车完全偏出轨道，此时小车停止。

下面这段程序是小车右转程序，类似我们就可以编写出其他的程序。

```
if (SL==LOW&SR==HIGH) //左白右黑，向右转弯
{
    digitalWrite (MotorRight1, LOW);
    digitalWrite (MotorRight2, HIGH);
    digitalWrite (MotorLeft1, LOW);
    digitalWrite (MotorLeft2, LOW);
    analogWrite (MotorRight1, 0);
    analogWrite (MotorRight2, 130);
}
```

7.5.4 四轮型小车循迹模块的安装调试步骤

四轮型小车循迹模块的安装调试步骤如下。

① 将 3 路红外传感器呈一行布置在智能车前方，探头朝下，可以采用铜柱＋螺丝方式固定。

② 将中控板固定在车身上。

③ 正确连接中控板和探头的杜邦线。

④ 正确连接中控板和扩展板的杜邦线。

⑤ 将小车放到赛道上，调节电位器，在赛道上平移小车，保证三个探头在经过黑线和白底时，LED 的状态不同。

⑥ 若无论怎么调节电位器，LED 状态都不变化，则应该是杜邦线接触不好，要更换。

⑦ 将程序下载到 Arduino UNO 中，串口号为 COM6（不同开发板或不同计算机串口号不同），进行试跑。

图 7-16 所示为四轮型循迹小车底部红外传感器和电动机排列实物图。

图 7-16　四轮型循迹小车底部红外

传感器和电动机排列实物图

图 7-17 为四轮型小车循迹行进演示过程的实物图。

图 7-17　四轮型小车循迹行

进演示过程的实物图

小车运行时如果不够稳定，可进行轨道形状、拐弯角度调节，或者修改直流电动机转速，将相应的修改数据存入程序中。

第8章

机械臂设计

8.1 机械臂机构设计

（1）机构的组成

机械臂的主体结构由一套铝合金支架和啮齿型机械手爪组成，然后由四个 MG995 型舵机驱动。机械臂结构模型如图 8-1 所示，1～4 号分

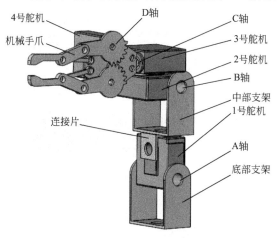

图 8-1　机械臂结构模型

别为四个舵机，A～D分别为每个舵机的转动轴。

其中1号舵机位于底部支架上，起到肩转作用；2号舵机位于中部支架上，起到肘转作用，即机械手爪腕关节的俯仰作用；3号舵机位于2号舵机之上，起到机械手爪的偏转作用；4号舵机位于机械手掌处，起到控制机械手爪的开合作用。由于舵机是以转动的形式提供机械能，整个机构共有四个转动副，其中每个转动副为一个运动关节。

机械臂手爪采用两个不完全齿轮啮合，通过连杆机构实现上下两个部分的开合，从而实现机械手爪的开合。机械臂运动状态效果图如图8-2所示。

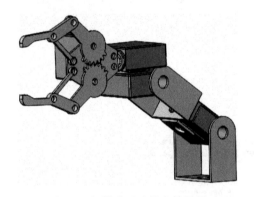

图8-2 机械臂运动状态效果图

（2）机械臂自由度分配

该机械臂具有两个方向的自由度，都为转动自由度，机械臂运动方向示意图如图8-3所示。其中1号和2号舵机有沿Y轴转动的自由度，初始位置的角度是90°；3号舵机有沿X轴转动的自由度；4号舵机在垂直于3号舵机转动轴端平面内有一个转动自由度。因此，为实现机械臂的完整运动，两段臂的关节处各分配一个俯仰自由度，腕关节和机械手爪关节各分配一个偏转自由度，共四个自由度。

（3）执行装置

机械臂的执行装置采用舵机，舵机又称为伺服电动机，舵机是一种位置伺服的驱动器，具有闭环控制系统的机电结构，由小型直流电动机、变速齿轮组、可调电位器、控制板等部件组成。我们采用MG995

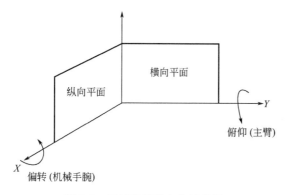

图 8-3　机械臂运动方向示意图

型号通用舵机，工作电压是 5V，转速转矩适当，舵角不超过 $180°$，可以实现机械臂转动角度的灵敏控制以及平稳运动。舵机具体工作过程如下。

　　舵机收到控制信号后，首先判断转动方向，然后计算转动角度，接着驱动马达开始转动，并通过减速齿轮将动力传输至摆臂，最后可以由位置检测器返回转动后的位置信号，以此判断舵机是否已经到达设定的位置。

　　标准的舵机有三根导线，分别是电源线、地线、控制线，电源线和地线用于提供内部的直流马达及控制线路所需的能量，电压通常介于 $4\sim6V$，控制线的输入是一个宽度可调的周期性方波脉冲信号，即 PWM 信号，其特点在于它的上升沿与下降沿之间的时间宽度，PWM 信号示意图如图 8-4 所示（图中 DIV 为 PWM 的控制精度，N 为常数）。

　　理论上脉宽（脉冲的高电平部分）范围在 $1\sim2ms$ 之间，但实际上脉宽可以在 $0.5\sim2.5ms$ 之间，PWM 信号的最小脉宽为 $0.5ms$，最大脉宽为 $2.5ms$，所以：

$$0.5ms \leqslant 0.5ms \times N \times DIV \leqslant 2.5ms \tag{8-1}$$

　　脉冲宽度在 $0.5\sim2.5ms$ 相对应舵盘的位置为 $0\sim180°$，呈线性变化。也就是说，给它提供一定的脉宽，它的输出轴就会保持在一个相对应的角度上，无论外界转矩怎样改变，直到给它提供一个另外宽度的脉冲信号，它才会改变输出角度到新的对应的位置上。舵机内部有一个基

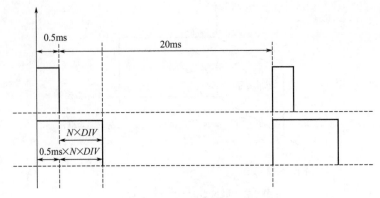

图 8-4　PWM 信号示意图

准电路，产生周期 20ms，宽度 1.5ms 的基准信号，通过比较器，将外加信号与基准信号相比较，判断出方向和大小，从而产生电机的转动信号。脉宽与舵机角度的控制关系如图 8-5 所示。

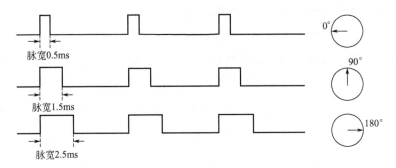

图 8-5　脉宽与舵机角度的控制关系

8.2　机械臂的运动分析

机械臂的运动过程示意图如图 8-6 所示。

在机械臂运动过程中，第一步，通过初始化使各舵机位于初始状态；第二步：机械手向上旋转与臂处于同一方向；第三步：底部支架上端肩转关节旋转，使机械臂高度降低，处于水平位置；第四步：机械手爪关节旋转，使机械手爪打开；第五步：机械手爪关闭，夹住物体同时肩转关节上升高度；第六步：机械臂移到别处后机械手爪打开放下物体；第七步：机械手爪关闭，准备恢复初始状态；第八步：机械手臂恢

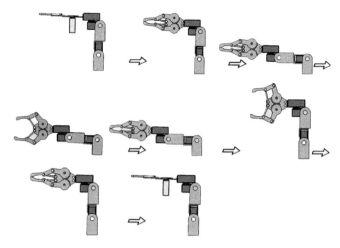

图 8-6　机械臂的运动过程示意图

复到初始位置，完成一个运动循环。

　　分析机械臂在运动时各关节的受力状态，可知 1 号舵机的转轴即肩转关节处承受了整个系统的上臂、下臂、手爪及重物产生的力矩，所以受到的力矩最大，应该对此处关节进行力矩校核。图 8-7 是提升重物过程中某一时刻的肩转力矩简化图（$0° \leqslant \theta < 90°$），其中 M_0 为肩转关节受到的力矩，上臂和下臂的长度都为 L，重物的重力 F_1 作用于手爪处，机械臂的重力 F_2 作用于重心 G，L_1、L_2 分别为力 F_1、F_2 与肩转关节的水平距离，θ 为该状态下肩转关节转动的角度。

　　显然，θ 从 90° 减小到 0° 的过程中，由于机械臂重心位于机械臂中点处，所以机械臂重心与肩转关节的距离 L_2 随着 L_1 的减小而逐渐减小（见图 8-7），肩转关节因为重物重力所产生的力矩 $F_1 L_1$ 在逐渐减小，机械臂重力产生的力矩 $F_2 L_2$ 也逐渐减小，至 $\theta = 0°$ 时总力矩为 0，故当 $\theta = 90°$ 时，即当机械臂位于水平状态时，肩转关节受到的力矩最大（见图 8-8），只需对此状态下进行力矩校核。$\theta = 90°$ 时的肩转关节力矩简化图如图 8-8 所示。

$$\begin{cases} \sum M_0 \ (Fi) = M_0 \ (F_1) + M_0 \ (F_2) \\ M_0 \ (F_1) = 2F_1 L \\ M_0 \ (F_2) = F_2 L \end{cases} \tag{8-2}$$

　　将计算所得的 M_0 与舵机的额定转矩相比较，即可确定机械臂能否

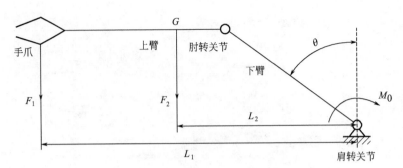

图 8-7　提升重物过程中某一时刻的肩转关节
力矩简化图（$0° \leqslant \theta < 90°$）

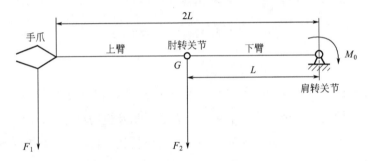

图 8-8　$\theta = 90°$时的肩转关节力矩简化图

正常运动。

8.3　机械臂的控制系统程序设计

我们利用 Arduino 的开发环境进行程序编辑，在应用 Arduino 开发环境之前，先在电脑端添加新硬件 Arduino UNO 控制板，它是采用 ATmega3280 芯片进行 USB 到串行数据的转换。然后将 Arduino Sensor Shield V5.0 扩展板通过串行接口连接到控制板上，再将舵机连接到扩展板的 I/O 接口上，连接好控制系统后，再连接电源。将一 7.4V 的电池连接到控制板的 DC 输入端，给控制板供电，再将两节 2.5C、3.7V 的电池通过一 DC 降压模块将其降至 5V 后连接到扩展板的 VCC 接口给舵机供电。在开发环境编辑好程序后，下载到 Arduino 控制板，接通电源，扩展板接受到指令便控制机械臂执行操作了。

在 Arduino 中，主函数在内部定义了，我们只需要完成以下两个函数就能够完成 Arduino 程序的编写，这两个函数分别负责 Arduino 程序的初始化部分和执行部分。

① void setup （ ）

② void loop （ ）

两个函数均为无返回值的函数，void setup （ ） 函数用于初始化，一般放在程序开头，主要工作是用于设置一些引脚的输出/输入模式、初始化串口等，该函数只在上电或重启时执行一次；void loop （ ） 函数则用于执行程序，它是一个死循环，其中的代码将被循环执行，用于完成程序的功能。另外，在这里我们采用 Servo myservo 语句定义四个舵机，例如 Servo myservo1；用 attach 函数为伺服电机指定一个引脚，例如：myservo1.attach （1）；该语句指 1 号舵机的引脚为 1，即将 1 号舵机连线时接在扩展板的引脚 1 上。

整段程序定义了 6 段子函数，用于实现"机械臂的运动分析"中的八个步骤，依次用来实现初始化每个舵机角度为 90°，降低高度、旋转手爪和张开手爪，关闭手爪和上升高度，张开手爪，关闭手爪，上升高度、旋转手爪恢复至初始状态。控制程序放在附录 B 中，其中执行完动作之后，有一定延时。

```
void  loop （  ）
{
one （  ）;
delay （1000）;
two （  ）;
```

该语句指依次执行每个子函数，且执行完一个子函数后延时

1000ms 再执行下一个。

Arduino 本身的 Servo 库就是控制舵机的，单纯调用 Servo 库可以实现对一路或者多路舵机的同时转动，但无法实现多路舵机分时驱动。

为了实现机械手的正确运动，在原来函数结构的基础上，定义机械手每一步动作为一个分函数，在 loop（ ）函数中，分别调用各个分函数，中间加延时环节，就可以实现机械手的连续稳定运行。程序设计流程图如图 8-9 所示。

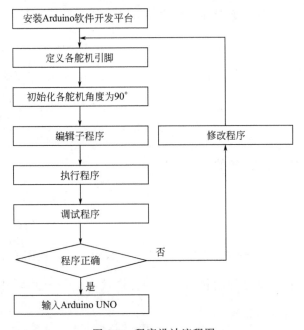

图 8-9　程序设计流程图

8.4　机器人整体结构设计

在进行机器人整体结构方案设计之前，分别进行了机器人轮式小车部分和机械臂部分的结构设计，为整体方案的确定奠定了基础。轮式小车部分有两种方案，两种方案都具有一定的可行性。分别将机械臂与三轮型小车、四轮型小车进行组合，机械臂安装于小车上方，并固定牢固。

三轮型机器人整体结构效果图如图 8-10 所示。

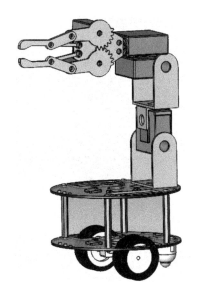

图 8-10　三轮型机器人整体结构效果图

四轮型机器人整体结构效果图如图 8-11 所示。

图 8-11　四轮型机器人整体结构效果图

机器人完整装配实物图如图 8-12 所示。

机械臂

WiFi传输模块

小车控制板

小车电源

机械臂控制板

摄像头

图 8-12　机器人完整装配实物图

第9章

双足机器人设计

本章所研究的机器人是一个八自由度的仿人形双足机器人，该机器人主要包括机器人支架模块、舵机控制模块、控制器模块、电源模块、红外传感模块、蓝牙通信模块等部分。详细介绍了其硬件结构、步态分析与调试、程序设计和最终的实验结果。

9.1　双足机器人结构及自由度分配

（1）机器人总体结构

双足机器人的外形设计主要是模仿人类的下身结构，由 U 形板、L 形板和八个舵机组装而成。双足机器人的总体结构如图 9-1 所示。

（2）关节自由度分配

机械结构的设计必须能够实现机器人的直走、原地左右转弯等基本功能，因此自由度的配置必须合理。人在行走的过程中，首先要进行重心的偏移，这个动作由脚部的踝关节实现，因此，需要给每个踝关节分配一个偏转自由度，然后开始往前迈步，这个动作需要大小腿来协调完成，大腿部分依靠腰部的髋关节，而小腿部分依靠腿部的膝关节，因此给每个髋关节和膝关节各分配一个俯仰自由度。当机器人原地左右转的

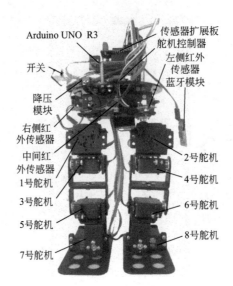

图 9-1　双足机器人的总体结构

时候，只需要重心的偏移和腰部转体的动作，所以只需在以上基础上再给髋关节分配一个转体自由度即可。

　　最终决定髋关节配置 2 个自由度，包括转体和俯仰自由度；膝关节配置 1 个俯仰自由度；踝关节配置 1 个偏转自由度，每条腿配置 4 个自由度，两条腿共 8 个自由度，因此需要八个舵机组装完成。组装时需要注意首先将各个舵机都调至 90°，然后根据充当关节所配置的自由度，调整安装方向，这样才可以保证机器人正常稳定行走。

　　机器人的转体、俯仰和偏转定义示意如图 9-2 所示，其中，定义 Y

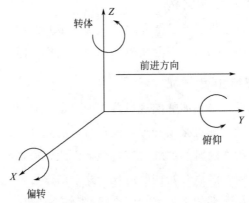

图 9-2　机器人的转体、俯仰和偏转定义示意

轴方向为前进方向，Z 轴方向为机器人的身高方向。

9.2 双足机器人硬件设计

9.2.1 舵机控制器

整个设计的驱动部分只有八个舵机，虽然 Arduino 本身具有控制舵机的软件库，但由于舵机数量的提高、控制精度的要求等因素，若用 Arduino 直接控制舵机，无论是硬件上还是软件上都存在很多问题，所以我们选择用主板控制舵机控制器，从而间接驱动舵机。

舵机控制板字面意思就是具有控制舵机能力的电路板，是一种写好舵机驱动控制程序的单片机成品模块，主要功能就是驱动多路舵机的转角和转速。本设计使用的是 16 路 USB mini 舵机控制板，16 路 USB mini 舵机控制板的引脚功能如图 9-3 所示。

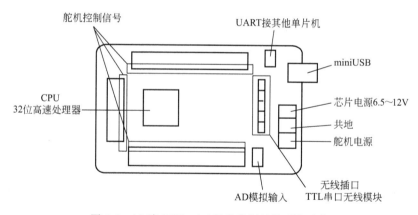

图 9-3　16 路 USB mini 舵机控制板的引脚功能

舵机的控制精度取决于内部 CPU 对 PWM 的控制精度，其内部采用 32 位 CPU，根据 CPU 分辨率以及舵机极限参数实验，可以将脉宽分为 2000 份，那么 0.5～2.5ms 的宽度为：

$$2.5-0.5\mathrm{ms}=2\mathrm{ms}=2000\mu\mathrm{s} \tag{9-1}$$

所以，PWM 的控制精度为：

$$DIV=2000\mu\mathrm{s}\div2000=1\mu\mathrm{s} \tag{9-2}$$

舵机可以转 180°，所以舵机的控制精度为：

$$180°\div 2000=0.09° \tag{9-3}$$

从控制精度中不难看出，利用舵机控制板控制舵机处理速度更快，控制更精确，运行也更稳定。

该舵机控制板有自带的 PC 调试软件，可以直接用来调试舵机运动，详细调试方法与过程将在后面内容中详细说明。本设计最终是利用 Arduino 控制板通过串口发送命令给舵机控制板，从而间接控制舵机，所以连线时只需要将八个舵机依次连接到舵机控制板的 S1～S8 引脚，舵机连接对应表如表 9-1 所列。

表 9-1　舵机连接对应表

腿号	髋关节转弯	髋关节俯仰	膝关节俯仰	踝关节偏转
右腿	S1	S3	S5	S7
左腿	S2	S4	S6	S8

舵机控制板通过杜邦线连接到 Arduino Sensor Shield V5.0 扩展板的 RS232 串口模块处，即 Arduino 的 TX 与控制板的 RX 连接，然后再共地（GND）就可以了。

9.2.2　红外线数字避障传感器具体应用说明

红外线数字避障传感器具有一对红外线信号发射与接收二极管、三极管，发射管发射一定频率的红外线信号，接收管接收这种频率的红外线信号，当红外线数字避障传感器的检测方向遇到障碍物（反射面）时，红外线信号反射回来被接收管接收，经过处理之后，通过红外线数字避障传感器接口返回到机器人主机，机器人即可利用红外波的返回信号来识别周围环境的变化。

本设计使用了三个小型红外线数字避障传感器，其工作电压是 3.8～5.5V，传感器的板上有多圈精密可调电位器，可根据使用环境调节，调节范围为 3～100cm。因为是反射，跟具体的反射目标相关，目标的反射率和形状是探测距离的关键，其中黑色探测距离最小，白色最大；小面积物体探测距离小，大面积物体探测距离大。另外电路板上有一个红色 LED，当探测到障碍物时，LED 发光且输出 OUT 持续为低电平，当无障碍物时，输出 OUT 持续高电平。

机器人行走过程中有个左右偏转重心移动的动作，致使其行走起来不算很稳定，再加上机器人本身的尺寸，以及遇到障碍物后躲避障碍物所需的旋转尺寸，我们将每个传感器的检测距离定为 20cm。试验时首先旋转可调电位器，调节检测尺寸，然后把一个传感器安装到机器人中间位置，面向正前方，用来检测正前方障碍物，再将另外两个对称安装到中间传感器的两侧，方向向外转 45°，用来检测机器人左右两侧障碍物。传感器的安装位置能影响到最终的避障效果，所以，具体位置要在试验中不断调节。

位置安装好后开始接线，该传感器有三个接线端，分别是 GND、VCC、OUT，显而易见，GND 接地，VCC 接＋5V 电源，OUT 输出端接到 Arduino 扩展板的数字输入输出引脚上，我们使用的是 D3～D5 引脚。具体应用时需要注意以下几个方面。

① 红外线数字避障传感器中的红外接收管只有在接收到一定强度的红外线信号时才会有数值的变化。障碍物（反射面）太小时，红外线数字避障传感器会检测不到；障碍物（反射面）颜色为黑色或深色时，会被吸收大部分的红外线信号，而只反射回一小部分，导致红外接收管接收到的红外信号强度不够，不足以产生有障碍物（反射面）的信号。所以真正工作时，由于障碍物、光照等影响，实测数据未必是 20cm。

② 红外线数字避障传感器在暖光源的照射下（如白炽灯、太阳光）检测受到很大影响，它会受到所有与红外线相近信号的干扰，白炽灯和太阳光中含有红外线信号成分较多，对红外线信号的影响也较大。红外线相互之间也存在干扰，因而在使用时最好选择较暗的室内环境。

③ 红外线数字避障传感器采用的是发射、接收原理，不同颜色的反射面对红外线信号的吸收与散射将影响其检测范围，根据测试，红色的反射面效果最佳，白色其次，黑色最差；同时反射面的粗糙度和平整度也会影响检测的效果。

④ 另外要注意的一点就是千万不要把接收管外的黑色塑料皮割掉，如果没有这层黑色塑料皮，红外线数字避障传感器将会一直受到发射管发射出的红外线的干扰，就会出现一直检测到障碍的情况。

9.2.3 电源模块

整个硬件系统需要 1 块 9V 电池和 1 块 7.4V 电池两个供电电源，

其中 9V 电池用来给 Arduino UNO R3 主控制板供电，主控制板本身有降压功能，输出 5V 电压再分别给 Arduino Sensor Shield V5.0 扩展板、HC-06 蓝牙模块和 3 个红外线数字避障传感器供电。7.4V 电池直接给舵机控制板供电，另外该电池连接 1 个降压模块，将电压降至 5V 后，用来给 8 个舵机供电，系统电源分配情况如图 9-4 所示。

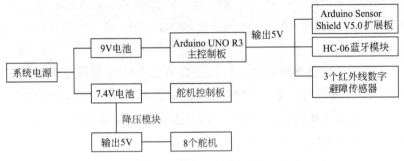

图 9-4　系统电源分配情况

硬件系统电路连接图如图 9-5 所示。

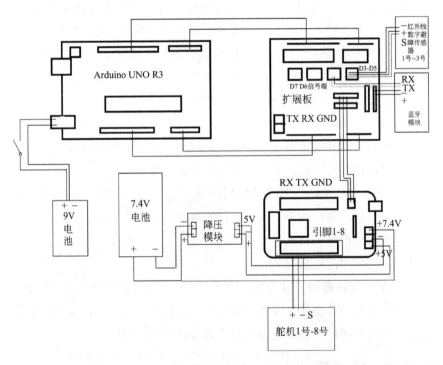

图 9-5　硬件系统电路连接图

此外系统还设计了蓝牙无线通信模块，具体将在第 10 章中介绍。

　　组装完成的机器人与预想情况一样，电路连接完成，各个硬件模块工作状况正常，可以满足系统对硬件的要求。

　　由八个舵机组装而成的机器人只能实现直走和原地左右转的功能，因为它的自由度是有限的，所以行走起来略显笨拙，如果增加舵机，需要增加电源，使得机器人的负重增加，而且步态方案复杂，设计者可以根据功能要求权衡硬件的设计方案。

9.3　机器人步态分析与调试

9.3.1　机器人步态分析

　　人类在行走时，由于肌肉的灵活性，在迈步时左右重心的调节可以利用腰部及以上部分的轻微偏移来实现，在实际中这种调节并不明显，而且人类的重心调节可与迈步同时完成。机器人行走时，由于各关节的活动方向及角度受到限制，无法像人类一样可以随时调整重心，所以在行走时，要先将重心落在用于支撑的腿上，再进行向前迈步或转弯等动作。下面分别介绍直走步态分析和转弯步态分析。

（1）直走步态分析

　　机器人的初始状态是立正的姿势，即各个关节舵机处于90°，直走时，仅需左右踝关节的偏转自由度、左右膝关节和髋关节的俯仰自由度，总共六个自由度，仿照人的行走过程，将机器人直走分解为六个步态，机器人直走步态分解图如图9-6所示。

　　第一，重心右移，并将左脚抬起，即左腿踝关节处舵机和右腿踝关节处舵机同时转动至100°。

　　第二，左脚向前迈步，即左腿髋关节处舵机和膝关节处舵机同时转至80°。

　　第三，将左腿落下，即右腿膝关节处舵机和髋关节处舵机同时转至80°，左腿踝关节处舵机和右腿踝关节处舵机又重新回到90°，此时机器人重心移至中间。

　　第四，重心左移，并将右脚抬起，即右腿踝关节处舵机和左腿踝关节处舵机同时转动至 80°。

第五，右脚向前迈步，即右腿髋关节处舵机和膝关节处舵机同时转至 100°。

第六，将右腿落下，即左腿膝关节处舵机和髋关节处舵机同时转至 100°，右腿踝关节处舵机和左腿踝关节处舵机又重新回到 90°，此时机器人重心移至中间。

上述为步态的理论分解，在实际应用中，为了使机器人行走动作更加顺畅自然，将上述第二、第三步合并为左右两腿的髋关节和膝关节处舵机同时转至 80°，第五、第六步合并为左右两腿的髋关节和膝关节处舵机同时转至 100°。这样的做法，可以提高机器人的运动效率。

理论上来说，机器人直走时的左右偏转角度、俯仰角度是对称的，但实际操作中，由于各个关节舵机的性能以及在行走过程中的负重和压力都是存在差异的，为了使机器人达到稳定的行走效果，舵机的实际转角要在试验中不断调试、更改以最终确定。

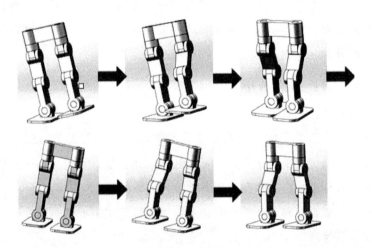

图 9-6　机器人直走步态分解图

（2）转弯步态分析

在系统设计中，该机器人实现的是原地左右转弯，所以只需用到左右踝关节的偏转自由度和左右髋关节的转弯自由度，总共四个自由度，由于左右转弯是对称的，所以就以右转为例，详细加以说明，机器人右转步态分解图如图 9-7 所示。

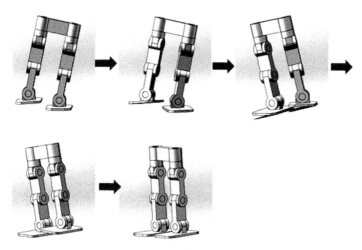

图 9-7　机器人右转步态分解图

假设要求机器人一次原地旋转 10°，将转弯步态划分为如下五步。

第一，重心左移，并将右脚抬起，即左腿踝关节处舵机和右腿踝关节处舵机同时转动至 80°。

第二，原地右转，即左腿髋关节的转弯舵机转动至 80°，由于左腿为支撑不能旋转，所以在左腿髋关节转弯舵机的带动下，右腿向右旋转 10°。

第三，重心右移，并将左脚抬起，即左腿踝关节处舵机和右腿踝关节处舵机同时转动至 100°。

第四，左腿髋关节的转弯舵机恢复至 90°，由于此时右腿为支撑，不能旋转，所以在左腿髋关节的带动下，左腿向右旋转 10°。

第五，右转停止，即左腿踝关节处舵机和右腿踝关节处舵机同时恢复至 90°。

9.3.2　机器人步态调试

理论分析完以后要对机器人的行走过程进行调试，如果我们直接使用主控制板 Arduino 对行走步态进行调试，存在以下弊端。

① 线路连接复杂，初期调试不易找到问题根源。

② 编程下载麻烦，稍有问题就必须重新编程，重新下载。

③ 机器人负重大，每次试验，机器人需要拖着电路板、电源，负重大，影响调试结果。

④ 耗电量高，所有硬件设备需要提供两组电源供电，主控制板耗电量高。

综上所述，为了方便调试机器人的行走过程，只用舵机控制板和其自带的上位机调试软件，就可以满足调试过程的需求。

（1）舵机调试

舵机调试软件的界面如图 9-8 所示，主要分为三个区域，分别为：舵机脉宽调节区、操作区和指令显示区。在舵机脉宽调节区中，有 S1～S8 八个红色调节框，分别对应舵机控制板 S1～S8 引脚所连接的舵机。该红色调节框前面的数值用来调节舵机角度，后面的数值无意义。根据控制精度将 0.5～2.5ms 的脉宽放大为 500～2500 的数值，对应舵机 0～180°的转角，可以调节滚动条或者直接键入数值调节。调节值 X 与舵机角度 ϕ 的对应关系见公式（9-4）。

$$X = \frac{100}{9}\phi + 500 \tag{9-4}$$

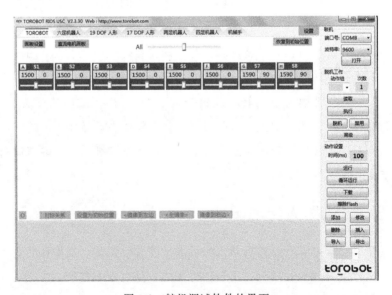

图 9-8　舵机调试软件的界面

操作区主要实现以下功能。

① 连接舵机控制板和电脑。

② 设定动作执行时间。

③ 读取指令。

④ 在线执行程序指令。

⑤ 下载指令，脱机运行。

需要说明的是，由于一条指令可能是多个舵机同时转动，通过设定动作执行时间，一条指令中涉及到的舵机的转动时间则是一样的，但由于各个舵机的转动角度不一定相同，所以各个舵机的转动速度也是不同的。

指令显示区将显示每个动作生成的指令，例如：♯1P1400♯2P2000T500，其中"♯"后为舵机号，"P"后为该舵机的脉宽，即转动角度，"T"后为该动作执行的时间。注意：一条指令只能有一个执行时间 T，多条指令可以形成一个动作组。

（2）步态调试过程

以直走为例进行步态调试，调试步骤如下。

① 组装好机器人，并连接好电路。

② 在电脑上下载舵机控制板驱动。

③ 用数据线将舵机控制板与电脑连接。

④ 安装驱动，驱动安装成功之后，进入电脑的设备管理器，就可以看到舵机控制板的硬件设备，设备名称为 mini USB servo control，端口号为 COM4（每台电脑显示的端口号都不一样）。

⑤ 运行舵机调试软件，显示上图 9-8 的界面。

⑥ 选择正确的端口号和波特率（默认为 9600），点击按钮"打开"，此时，出现红色的"on line"一直在闪烁。

⑦ 将直走步态中每步舵机的转角转化为脉宽数值。以直走第一步为例，"重心右移，并将左脚抬起，即左腿踝关节处舵机和右腿踝关节处舵机同时转动至 100°"，100°对应的脉宽数值为 1611。

⑧ 调节第一个动作，将 S7 和 S8 调节至 1611，并将动作时间设为 500ms。

⑨ 点击"添加"按钮，此时在指令显示区出现第一条指令。

⑩ 同样的方法调节直走其他五个步骤的舵机脉宽，并生成指令，最终生成指令示意图如图 9-9 所示。

```
#1P1500#2P1500#3P1500#4P1500#5P1500#6P1500#7P1611#8P1611T500
#4P1389#6P1389T500
#3P1389#5P1389#7P1500#8P1500T500
#7P1389#8P1389T500
#3P1611#5P1611T500
#4P1611#6P1611#7P1500#8P1500T500
```

图 9-9　生成指令示意图

⑪ 插上舵机电源。

⑫ 点击"循环运行"按钮，机器人开始循环执行生成的命令，然后点击"停止"按钮，循环运行结束。

⑬ 若要脱机运行，先下载指令，点击"下载"按钮，指令下载完成标志如图 9-10 所示。

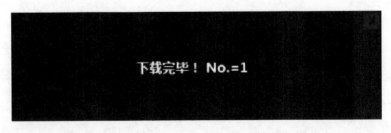

下载完毕！No.=1

图 9-10　指令下载完成标志

⑭ 更改执行次数，然后点击"读取"按钮，再点击"脱机"按钮。

⑮ 断开舵机控制板与电脑，拔掉数据线，机器人便脱机执行命令。

⑯ 若要更改程序重新脱机运行，将舵机控制板再次连接电脑后，要首先点击"擦除 Flash"删除原有程序，注意，只有将设置的执行次数执行完，才可以成功擦除程序。

按照上述步骤，生成直走的动作组，根据实际状况，更改直走步骤中舵机角度，并用同样的方法调试转弯步态。

9.4 双足机器人控制系统设计

9.4.1 控制系统设计方案

双足机器人控制系统的设计要求是机器人可以在障碍物存在的情况下，成功避开障碍物，自主行走，系统功能模块图如图 9-11 所示，机器人通过红外线传感模块不断发射和接收红外线信号，去感知是否有障碍物，红外线传感模块将信号反馈给 Arduino 主控制板，通过串口，将控制信号传送给舵机控制板，使各个关节舵机做出相应反应。

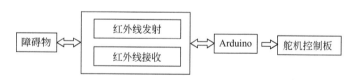

图 9-11　系统功能模块图

机器人的正前方装有红外线数字避障传感器，显而易见，红外线数字避障传感器的数量越多，所反馈的信息越多，从而使避障越精确。该系统使用了三个红外线数字避障传感器，分别装在机器人前方左、中、右三个位置，当红外线数字避障传感器检测到障碍物，将输出低电平，反之，输出高电平，主控制板不断检测红外线数字避障传感器的输出值，总共有八种检测结果，针对每种检测结果，主控制板要控制机器人做出最优的避障反应。表 9-2 是这八种检测情况与机器人反应的对照表。

表9-2 八种检测情况与机器人反应的对照表

左侧传感器	中间传感器	右侧传感器	障碍物方向	机器人反应
0	0	0	前方	停止
0	0	1	左前方	右转
0	1	0	前方左右两侧	直走
0	1	1	左侧	右转
1	0	0	右前方	左转
1	0	1	正前方	右转
1	1	0	右侧	左转
1	1	1	无	直走

注：0代表传感器检测到障碍物，1代表传感器没有检测到障碍物。

9.4.2 程序设计

双足机器人控制系统软件设计的流程图如图9-12所示。

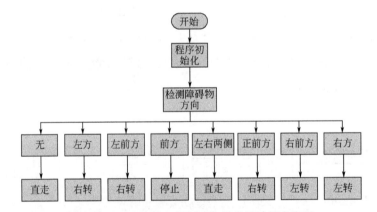

图9-12 双足机器人控制系统软件设计的流程图

（1）程序初始化

初始化部分主要完成以下内容。

① 传感器引脚设置：首先要定义各个传感器的接口名称，将右、中、左三个传感器依次连接到Arduino扩展板的D3、D4、D5引脚，并分别定义引脚名称为IRR、IRM、IRL，且三个均为输入引脚。

② 设置波特率：舵机控制板与Arduino主控制板之间是串口通信，定义波特率为9600。

③ 舵机角度初始化：在机器人行走前，要保证各个舵机处于 90°中间位置，机器人为立正状态。

程序如下。

```
int IRR=3；//右侧传感器连接到 D3 引脚
int IRM=4；//中间传感器连接到 D4 引脚
int IRL=5；//左侧传感器连接到 D5 引脚
void setup（）//初始化函数
{
pinMode（IRR，INPUT）；//定义右侧传感器为输入引脚
pinMode（IRM，INPUT）；//定义中间传感器为输入引脚
pinMode（IRL，INPUT）；//定义左侧传感器为输入引脚
Serial. begin（9600）；//定义波特率为 9600
Serial. println（"♯1P1500♯2P1500♯3P1500♯4P1500♯5P1500
♯6P1500♯7P1500♯8P1500T800"）；//八个舵机角度初始化为 90
度
delay（2000）；//延时 2000ms
}
```

（2）步态行走子程序

在编写程序主函数之前，要先编写前进、左转、右转、停止子函数，方便在后续不同情况下的调用。在机器人行走时，舵机的转动角度和转动速度决定了机器人步长（转弯角度）的大小和行走的快慢，这些因素在避障过程中对避障的准确性起着决定性的作用，机器人步长（转弯角度）过小，有利于避障的精确度，但行走效率低；步长（转弯角度）过大，机器人晃动厉害，不利于准确避障。经过反复调试，直走时，机器人步长为 3cm，转弯时，每次转动 7.2°，避障效果最好。

经过反复调试核对，总结实验结果得出的前进时舵机的转动角度如表 9-3 所列。

表 9-3　前进时舵机的转动角度

直走步骤	舵机编号	转动角度/(°)	脉冲宽度	转动时间/ms
第一步	7、8	98.1	1590	500
第二步	3、4、5、6	81.9	1410	500
第三步	7、8	76.5	1350	500
第四步	3、4、5、6	98.1	1590	500

前进子程序流程图如图 9-13 所示。

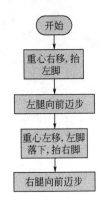

图 9-13　前进子程序流程图

对应前进子程序：

```
void advance（）//定义前进子程序
{
Serial.println（"♯7P1590♯8P1590T500"）；//重心右移
delay（500）；//延时 500ms
Serial.println（"♯4P1410♯3P1410♯5P1410♯6P1410T500"）；//左腿
向前迈步
delay（500）；//延时 500ms
Serial.println（"♯7P1350♯8P1350T500"）；//重心左移
delay（500）；//延时 500ms
Serial.println（"♯3P1590♯5P1590♯4P1590♯
6P1590T500"）；//右腿向前迈步
}
```

左转子程序流程图如图 9-14 所示。

经过反复调试核对，总结实验结果得出的左转时舵机的转动角度如

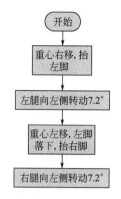

图 9-14　左转子程序流程图

表 9-4 所列。

表 9-4　左转时舵机的转动角度

左转步骤	舵机编号	转动角度/(°)	脉冲宽度	转动时间/ms
第一步	7、8	98.1	1590	500
第二步	1	97.2	1580	500
第三步	7、8	73.8	1320	500
第四步	1	90	1500	500

对应左转子程序：

```
void left（）//定义左转子函数
{
Serial.println（"♯7P1590♯8P1590T500"）；//重心右移，左
脚抬起
delay（500）；//延时500ms
Serial.println（"♯1P1580T500"）；//右腿髋关节转弯舵机向
左旋转7.2°，由于右腿为支撑不能旋转，所以在右腿髋关节转弯
舵机的带动下，左腿向左旋转7.2°
delay（500）；//延时500ms
Serial.println（"♯7P1320♯8P1320T500"）；//重心左移，右
脚抬起
delay（500）；//延时500ms
Serial.println（"♯1P1500T500"）；//右腿髋关节转弯舵机恢
复到90°，由于左腿为支撑不能旋转，所以在右腿髋关节转弯舵机
的带动下，右腿向左旋转7.2°
}
```

右转子程序流程图如图 9-15 所示。

经过反复调试核对，总结实验结果得出的右转时舵机的转动角度如表 9-5 所列。

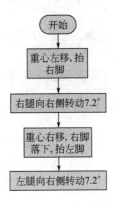

图 9-15　右转子程序流程图

表 9-5　右转时舵机转动角度

右转步骤	舵机编号	转动角度/(°)	脉冲宽度	转动时间/ms
第一步	7、8	73.8	1320	500
第二步	2	82.8	1420	500
第三步	7、8	98.1	1590	500
第四步	2	90	1500	500

对应右转子程序：

```
void right（）//定义右转子函数
{
Serial.println（"♯7P1320♯8P1320T500"）; //重心左移，并
将右脚抬起
delay（500）; //延时500ms
Serial.println（"♯2P1420T500"）; //左腿髋关节转弯舵机向
右旋转7.2°，由于左腿为支撑不能旋转，所以在左腿髋关节转弯
舵机的带动下，右腿向右旋转7.2°
delay（500）; //延时500ms
```

```
Serial.println ("♯7P1590♯8P1590T500"); //重心右移，并
将左脚抬起
delay (500); //延时500ms
Serial.println ("♯2P1500T500"); //左腿髋关节转弯舵机恢
复到90°，由于右腿为支撑不能旋转，所以在左腿髋关节转弯舵机
的带动下，左腿向右旋转7.2°
}
```

停止子程序如下：

```
void stop () //定义停止子函数
{
Serial.println ("♯1P1500♯2P1500♯3P1500♯4P1500♯5P1500
♯6P1500♯7P1500♯8P1500T800"); //8个舵机全部恢复90°，机
器人停止运动
}
```

犹如程序中所示，每执行一步都要进行一次延时，需要注意，若延时过长，会使机器人行走不连贯；过短，则会导致控制主板来不及反应，使得机器人出现抖动的情况。

（3）执行主程序

双足机器人的执行主程序流程图如图9-16所示。控制程序见附录C。

在Arduino编程中，loop函数用于执行程序，它是一个死循环，其中的代码将被循环执行，用于完成程序的功能。在loop函数中，用digitalRead（）函数定义Arduino主板上数字输入输出引脚的读取值，运用if函数，判断三个传感器的实际检测情况与哪种状态相符，从而执行相应状态下的程序。

需要注意的是：机器人碰到障碍物开始转弯避障时，容易陷入到一个一直在原地左右转而无法继续前进的死循环中，原因是机器人左边的红外线数字避障传感器检测到障碍物，然后执行右转，然而此时，机器人右边的红外线数字避障传感器恰恰也检测到了障碍物而执行左转，两

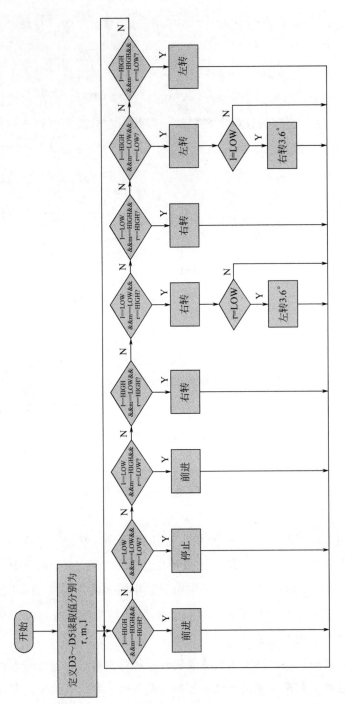

图9-16 双足机器人的执行主程序流程图

次转动的角度是一样的。为了解决这个问题，在左边或右边检测到障碍物执行转弯指令后，再判断一下，对应的右边或左边是否也会检测到障碍物，如果是，则再往回转动一个较小的角度，如果不是，则程序继续执行。

部分程序如下：

```
void loop () //定义主函数
{
Int r, m, l; //定义 3 个数值常量
r＝digitalRead (IRR); //r 为 3 号引脚的读取值
m＝digitalRead (IRM); //m 为 4 号引脚的读取值
l＝digitalRead (IRL); //l 为 5 号引脚的读取值
if (l==HIGH &&m＝＝HIGH && r＝＝HIGH) //判断是否三个传感
器都未检测到障碍物
{
advance (); //执行前进子程序
delay (500); //延时 500ms
}
if (l==LOW &&m＝＝LOW && r＝＝LOW) //判断是否三个传感器均
检测到障碍物
{
stop (); //执行停止子程序
delay (500); //延时 500ms
}
if (l==LOW &&m＝＝HIGH && r＝＝LOW) //判断是否左右两侧存
在障碍物
{
advance (); //执行前进子程序
delay (500); //延时 500ms
}
```

```
if (l==HIGH &&m==LOW && r==HIGH) //判断是否只有中间传
感器检测到障碍物
{
right (); //执行右转子程序
delay (500); //延时 500ms
}
if (l==LOW &&m==LOW && r==HIGH) //判断是否左前方存在
障碍物
{
right (); //执行右转子程序
delay (500); //延时 500ms
if (r==LOW) //再次判断右侧传感器是否还能检测到障碍物
{
Serial.println ("♯7P1590♯8P1590T500"); //重心右移，左
脚抬起
delay (500); //延时 500ms
Serial.println ("♯1P1540T500"); //右腿髋关节转弯舵机向
左旋转 3.6°，由于右腿为支撑不能旋转，所以在右腿髋关节转弯
舵机的带动下，左腿向左旋转 3.6°
delay (500); //延时 500ms
Serial.println ("♯7P1320♯8P1320T500"); //重心左移，右脚抬起
delay (500); //延时 500ms
Serial.println ("♯1P1500T500"); //右腿髋关节转弯舵机恢
复到 90°，由于左腿为支撑不能旋转，所以在右腿髋关节转弯舵机
的带动下，右腿向左旋转 3.6°
delay (500); //延时 500ms
} //机器人向左转动 3.6°

}
```

9.5 机器人避障实验

在实验前需要制作机器人的避障路径，针对传感器对颜色、材质的要求，选择厚为 5mm 的白色泡沫板，根据机器人的高度，将泡沫板裁剪成高 300mm 的形状。

然后实验开始，操作步骤如下。

① 组装好机器人，并连接好电路。

② 在 Arduino 软件平台中编辑好程序，并检查无误。

③ 将 Arduino UNO R3 上层叠连接的扩展板拔掉。

④ 插上数据线，将程序下载到 Arduino UNO R3 中。

⑤ 插上扩展板。

⑥ 插上舵机电源。

⑦ 打开主控制板电源，程序运行。

⑧ 将障碍物随意放到机器人前面，机器人进行避障行走。

机器人的关节是由舵机代替的，因此舵机的性能以及组装的松紧度都严重影响了机器人的行走效果。刚开始研究直走步态时，定义左右脚动作是对称的，左右各关节的舵机转动角度也是一样的，但实际调试过程却发现，机器人的行走结果并不对称，产生"跛脚"现象，而导致这种现象的原因是多方面的，因此无法通过计算来确定精确角度，只能通过观察，大致调大或调小相应舵机角度，不断调试、更改，尽可能消除"跛脚"现象，使机器人行走状态稳定。

第10章

蓝牙通信与WiFi视频传输技术

本章主要通过实验来对 Arduino 无线通信模块进行介绍。了解了蓝牙模块与 WiFi 视频传输模块的工作原理，使用 Arduino 进行了编程。蓝牙模块接到 TXD 和 RXD 上并在 VCC 上取电，把程序写入单片机中，通过蓝牙串口通信助手手机客户端发送指令即可实现控制，并监视蓝牙通信结果；摄像头通过与 WiFi 视频传输模块的配合，将视频传输到计算机，实现了监控功能。

10.1　蓝牙无线通信

10.1.1　蓝牙无线通信模块

蓝牙技术是一种短距离无线通信技术，利用"蓝牙"技术，能够实现笔记本电脑、手机、平板电脑等移动通信终端设备之间的通信，主要是用于便携式设备及其应用的。蓝牙模块就是把一个蓝牙发送接收器做成一个小模块设备，外接于单片机上使用。蓝牙模块最主要的功能是取代串口线，实现短距离无线通信。在单片机无线通信中，通常使用蓝牙模块与单片机进行通信的蓝牙模块有基于 Zigbee 通信协议的 XBee 模块和 HC 系列蓝牙串口模块等。蓝牙串口模块的使用，是不需要驱动的，只要是串口就可以接入，配对完毕即可通信，模块与模块的通信需要至少 2 个条件：① 必须是主机与从机之间；②必须密码一致。

在设计中使用的是 HC-06 蓝牙串口模块（见图 10-1），该模块只能作为从机模块可以与蓝牙笔记本电脑、电脑加蓝牙适配器、有蓝牙功能的手机等主机设备进行无缝连接。

(a) HC-06蓝牙模块背面

(b) HC-06蓝牙模块正面

图 10-1　HC-06 蓝牙串口模块

HC-06 模块规格如下。

① 采用 CSR 主流蓝牙芯片，蓝牙 V2.0 协议标准。

② 初试名称：linvor。

③ 默认配对密码：1234。

④ 波特率可设置为 1200，2400，4800，9600，19200，38400，57600，115200，默认通信波特率是 9600。

⑤ 底板为 3.3V　LDO 底板，输入电压为 3.6～6V，未配对时电流约 30mA，配对后电流约 10mA，输入电压禁止超过 7V。

⑥ 接口电平为 3.3V，可以直接连接各种单片机（51，AVR，PIC，ARM，MSP430 等），5V 单片机也可直接连接；空旷地有效距离 10m，超过 10m 也是可能的。

⑦ 配对以后作为串口使用，无需了解蓝牙协议，仅支持 8 位数据位、1 位停止位、无奇偶校验的通信格式，这是常用的通信格式，不支持其他格式。

⑧ 未建立蓝牙连接时支持通过 AT 指令设置波特率、名称、配对密码，设置的参数掉电保存。蓝牙连接后将自动切换成透传模式。

⑨ 该链接为从机，从机能与各种带蓝牙功能的电脑、蓝牙主机、大部

分带蓝牙的手机、掌上电脑（Personal Digiral Assistant，PDA）、多功能掌机（Play Station Portable，PSP）等智能终端配对，从机之间不能配对。

蓝牙模块的核心芯片使用 HC-06 从机芯片，引出的接口包括 VCC、GND、TXD 和 RXD，并且预留了 LED 状态的输出脚，单片机可以通过该脚的状态来判断蓝牙设备是否已经连接。KEY 引脚对从机无效，LED 指示蓝牙连接状态，闪烁表示没有蓝牙连接，常亮表示蓝牙已经连接好。TXD 为发送端，一般是指自己的发送端，在正常通信时要接另外设备的 RXD。RXD 为接收端，一般是指为自己的接收端，在正常通信要接另外设备的 TXD。在正常通信时本身的 TXD 也是接设备的 RXD。在自收自发时，自己接收自己发送的数据，自身的 TXD 直接连接到 RXD，这样可以用来测试本身的发送和接收是否正常。

蓝牙模块可以与带蓝牙设备的电脑或者手机配对使用，蓝牙模块之间是不能连接的，因此要在电脑上安装蓝牙适配器，这样才能与蓝牙模块进行通信。

也可以购买元器件，照着原理图自己做一个蓝牙通信模块。

10.1.2　蓝牙模块实验

（1）蓝牙串口助手

蓝牙串口助手是一款基于 RFCOMM 蓝牙串口服务的传输软件，通过该软件可以连接蓝牙串口模块进行与 Arduino 单片机的通信，实现手机串口连接。类似计算机的串口助手，该软件有以下功能。

① 发现和连接蓝牙串口模块。

② 接收和发送数据。

③ 可选择 ASCII 码显示或者是 HEX 十六进制显示。

④ 发送十六进制数据。

⑤ 将串口接收到的数据保存成 txt 文件。

⑥ 对发送和接收的字节进行计数。

Serial. begin（9600）是设置串口通信波特率为 9600bps，Serial. read（）把串口数据读入到变量中，其返回值为串口数据，int 型。

〔case 'a'：qian（）；delay（50）；break；

case 'b'：hou（）；delay（50）；break；

case 'c'：zuo（）；delay（50）；break；

case 'd'：you（）；delay（50）；break；

case 'e'：ting（）；delay（50）；break；〕

a、b、c、d、e分别为小车前进、后退、左转、右转、停车指令。

（2）蓝牙模块控制小车实验

蓝牙模块实验主要是用电脑作为主机，连接上的Arduino开发板为从机，主机发送给从机一个指令，从机接收指令，进行程序制订的下一步动作。蓝牙模块控制小车实验步骤如下。

① 编写蓝牙通信程序，并下载到Arduino开发板的单片机里面；把蓝牙模块HC-06与Arduino开发板用4根杜邦线连接上，主板＋5V连接蓝牙VCC，主板GND连接蓝牙GND，主板TX连接蓝牙RX，RX连接蓝牙TX。当蓝牙模块成功与PC机连接后，蓝牙模块的电源指示灯会闪烁，蓝牙模块与Arduino的交互使用情况说明如图10-2所示（由于没有找到HC-06，所以用Bluetooth Mate Silver来代替，效果一样），图10-2（a）和图10-2（b）均是使用Fritzing来绘制的，其中图10-2（a）为面包板窗口中绘制的，图10-2（b）为原理图窗口上绘制的。

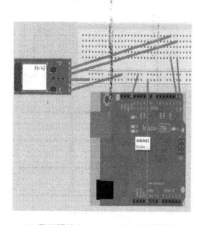

(a) 蓝牙模块与Arduino UNO的接线图

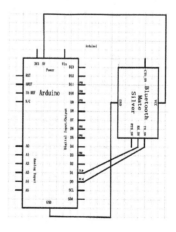

(b) 原理图

图10-2　蓝牙模块与Arduino的交互使用情况说明

② 将手机上的蓝牙适配器打开，与蓝牙模块 linvor 进行配对，搜索其服务，建立蓝牙无线连接前蓝牙模块上的状态灯 LED 是输出脉冲；建立连接后，输出高电平，此时状态灯是长亮，说明已连接上。

③ 本实验中的计算机与 Arduino 连接的串口号是 COM6。

④ 直接下载一个安卓手机的"蓝牙串口通信助手"的应用软件。打开后自动扫描可连接设备，也可自动打开蓝牙设备。

⑤ 点击需要连接的蓝牙设备，如果有提示，就输入配对密码：1234，然后选择"键盘模式"。

⑥ 等待连接，蓝牙 bee 指示灯常亮，则提示连接成功。如果提示蓝牙串口通信失败，尝试退出软件重新连接。

⑦ 连接成功后打开菜单进入设置键盘，根据已编写好的程序，给指定的键盘输入名称和要发送的字符命令，";"分隔符必须输入。如图 10-3 (a) 所示，前进："a;"，后退："b;"，左转："c;"，右转："d;"，停车："e;"。

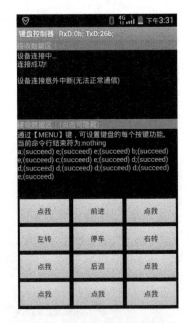

(a) 蓝牙串口通信助手按键设置图　　(b) 蓝牙串口通信助手控制小车演示图

图 10-3　蓝牙串口通信助手的使用

⑧ 设置完成后，打开菜单，选择键盘设置结束，并按键测试小车

行进状态。如图 10-3 (b) 所示。

10.2 WiFi 视频传输实验

10.2.1 WiFi 视频传输系统介绍

WiFi 和蓝牙（使用 IEEE 802.11 标准的产品的品牌名称）有些类似的应用，都可以设置网络或传输文件。WiFi 主要是用于替代工作场所一般局域网接入中使用的高速线缆的。这类应用有时也称作无线局域网（WLAN）。WiFi 一般是将接入点作为中心，通过接入点和路由网络而形成非对称的客户机-服务器连接方式，对一些需要进行复杂客户端设置和需要高速网络的应用更为合适。

WiFi 通信技术虽然在数据的安全性方面比蓝牙要差，但在电波的覆盖距离方面拥有明显的优势，覆盖半径可达 100m 左右。WiFi 是以太网的一种无线扩展，如果网络用户处在一个接入点周围的一定区域内，理论上来说就能以高网速接入 Web。但实际上，如果有多个用户在同时接入一个接入点，带宽将被用户分占，WiFi 信号的传输速度一般将只有几百 kb/s，在建筑物内的有效传输距离和速度一般小于户外。WiFi 未来最具潜力的应用将主要在家庭无线网络以及不便安装电缆的建筑物或其他场所。本实验选择 WiFi 作为视频传输的网络载体。

在 IP 协议的网络环境下进行视频通讯时，采用客户-服务器模型。视频发送方作为服务器，完成视频的采样和压缩，并且为接收方提供网络传输服务；接收方作为客户端，向作为发送方的服务器提出请求，接收传来的图像数据包并进行解压缩等处理。视频的采样、压缩和显示是以帧数据的方式进行的，但由于帧数据的内容不同，每帧数据量的大小也不一样。在实现发送与接收时，一个帧数据被分为多个长度相等的数据包进行传输，数据包包括包头和数据区。

使用一般的高清网络摄像头作为视频监控收集所用，摄像头具有补光和调焦功能，方便调节拍摄画质。摄像头拍摄的画面可通过 USB 传输线传输到 Arduino WiFi 扩展模块。图 10-4 为本设计所用高清网络摄像头。

图 10-4　本设计所用高清网络摄像头

采用国产 ArduinoWiFi 视频传输模块进行视频传输，该视频传输模块是由路由器刷成的视频传输系统，可实现搭载其他模块来实现不同的控制和视频传送，该模块主要有 3 个接口，分别为网线接口、供电接口和 USB 接口。网线接口可以供调试模块的设置和升级，供电接口接 5V 电源线，USB 接口用来连接摄像头。小车摄像头所拍的视频 IP 地址为 http：//192.168.8.1：8083/? action＝snapshot，摄像头和 WiFi 模块电源启动之后，可以通过计算机浏览器浏览视频所在地址获得小车所拍图像，也可以通过 Arduino 自带开源视频接收客户端来接收图像，看到小车摄像头拍摄的图像之后就可以为下一步小车整体运行做出决定了。图 10-5 为 WiFi 视频传输模块内部结构图，其中由于本设计不进行小车 WiFi 远程控制，所以 TTL 串口通信接口在本设计中没有使用到。

10.2.2　视频传输实验

视频传输实验步骤如下。

① 将摄像头线与 WiFi 模块 USB 接口连接。

② WiFi 模块 5V 电源线接到四轮型小车 Arduino 293-D 扩展板的 "WiFi 5V" 引脚上取电。

③ 给扩展板接入电源，电源为 2 节 3.7V 锂电池。

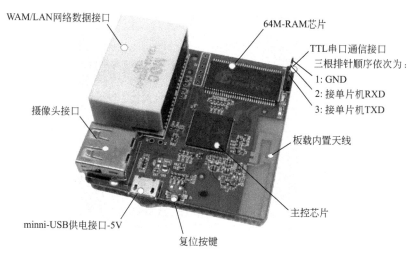

WAM/LAN网络数据接口

64M-RAM芯片

TTL串口通信接口

三根排针顺序依次为：

1: GND

2: 接单片机RXD

3: 接单片机TXD

摄像头接口

板载内置天线

主控芯片

minni-USB供电接口-5V

复位按键

图 10-5　WiFi 视频传输模块内部结构图

④ 打开计算机无线网络连接功能，搜索 WiFi 模块发出的无线网络并接入。

⑤ 打开摄像头开关。

⑥ 在浏览器中输入视频图像 IP 地址（http：//192.168.8.1：8083/？action＝snapshot），或打开 Arduino 视频接收软件查看。

⑦ 调节摄像头焦距和补光灯，使图像达到最佳画质。

浏览器查看视频图像如图 10-6 所示。

图 10-6　浏览器查看视频图像

视频接收软件视频图像如图 10-7 所示。

图 10-7　视频接收软件视频图像

实验中容易出现的问题是，电源电量低的时候，蓝牙信号和 WiFi 信号搜索不到，此时应更换电源或给电源充电后使用。

第11章

LabVIEW与Arduino的
互动通信控制设计

Arduino 也可以用 LabVIEW 来进行互动通信控制设计。Arduino 作为下位机，而电脑用 LabVIEW 作为上位机使用。LabVIEW 与 Arduino 的互动通信控制方法有如下两种。

① 使用 LabVIEW 的 Arduino 工具包：LabVIEW interface for Arduino。

② 使用 LabVIEW 的串口函数（Virtual Instrument Software Architecture，VISA）串口函数来编程，进行通信处理。

11.1 LabVIEW interface for Arduino 机械臂舵机自动运行设计

11.1.1 LabVIEW interface for Arduino 函数介绍

LabVIEW interface for Arduino 这个工具包是 LabVIEW 官方为 Arduino 开发的一个界面，这个界面集成了 Arduino 的基本功能。

使用 LabVIEW 的 Arduino 工具包的优点如下。

① 容易上手，官方提供了很多已经编好的函数，只需要知道 LabVIEW 的基本编程语言（G 语言）就可以轻松编写程序。

② 不需要写 Arduino 端的程序，只需要在 LabVIEW 端编好程序就可以用了。

使用 LabVIEW 的 Arduino 工具包的缺点如下。

① 官方提供的函数毕竟还是有限，目前能控制的传感器有热敏电阻、光敏电阻、8 段数码管、RGB 发光管、舵机等。

② 因为 Arduino 端不需要编写程序（其实是需要把一个官方函数对应的程序全部烧进 Arduino），所以如果用到的传感器没有官方函数，就很难进行下去了，可扩展性较差。

③ 无线串口连接方式中必须要采用工具包上指定的无线模块，否则不能进行通信控制。

这个工具包里面有一个 Arduino 程序，只要把它烧进 Arduino 的单片机中，就只需要对 LabVIEW 进行编程，而不用再对 Arduino 进行编程，因为这是一个通用的 Arduino 下位机程序，只是针对 Arduino 工具包的函数使用的。这个工具包的功能有限。补充一点，Arduino 是最近几年流行的开源硬件，所以各种与 Arduino 互动使用的应用软件上的 Arduino 工具包的扩展功能都没有完善好。

其实 LabVIEW interface for Arduino 是基于 VISA 函数二次开发的工具包，比较容易入门使用。LabVIEW interface for Arduino 并不是在 LabVIEW 上原有的，需在 NI 的 LabVIEW 官网上自行搜索下载。本设计中前面板不需要工具包上的控件，只是在程序框图中用到了 Arduino 的函数。以下简单介绍一下所用到的函数。

① 初始化函数 ：此函数中输入有选定 VISA 串口函数的数据来源（即选定通信端口）、波特率（默认为 115200bps）、开发板类型选择（默认为 Uno）、连接类型（USB、串口）等，输出是 Arduino 资源和错误输出。

② 舵机数量设置函数 ：此函数的输入是 Arduino 资源、舵机数量和错误输入，输出为 Arduino 资源和错误输出。

③ 舵机配置函数 ：此函数的输入是 Arduino 资源、舵机号、数字信号引脚和错误输入，输出是 Arduino 资源和错误输出。

④ 舵机写入角度函数 ：此函数的输入是 Arduino 资源、舵机号、舵机角度和错误输入，输出是 Arduino 资源和错误输出。

⑤ 舵机读取角度函数 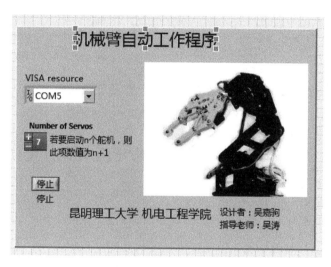：此函数的输入是 Arduino 资源、舵机号和错误输入，输出是 Arduino 资源、舵机对应角度和错误输出。

11.1.2　机械臂 LabVIEW interface for Arduino 程序

清楚了各个函数的作用后，进行下一步的编程设计。本次设计是用 LabVIEW 编程以做到机械臂自动工作的效果。

前面板只放置一个 VISA　resource 组合框、舵机数量输入控件和停止按钮，机械臂自动工作程序的前面板如图 11-1 所示。

图 11-1　机械臂自动工作程序的前面板

程序框图设计不像前面板这么少，里面应用了很多的函数。先设置初始化、舵机数量、舵机号与数字信号引脚的配置，然后选用 while 循环为主函数的循环结构；放入层叠式顺序结构，层叠式顺序结构在函数→编程→结构里面，把它选用，放在 while 循环结构里面，右键点击层叠式顺序结构，点击"在后面添加帧"，产生若干个帧来放置多个动作内容。因为本设计要执行 23 步动作，所以此顺序结构中有 23 个帧。每个帧中开头部分必须接上 while 循环外的初始化设置的 Arduino 资源，否则不能执行，而最后一个帧的结尾连接到 while 循环上，让 Arduino 资源数据流通过循环通道不断执行，从而让机械臂不断地循环工作，直到给出停止指令。

机械臂自动工作第一帧的程序如图 11-2 所示。

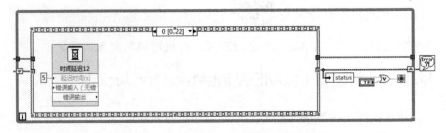

图 11-2　机械臂自动工作第一帧的程序

机械臂自动工作第二帧的程序如图 11-3 所示。

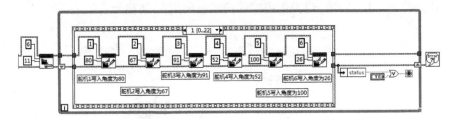

图 11-3　机械臂自动工作第二帧的程序

11.1.3　机械臂舵机 LabVIEW interface for Arduino 调试程序

前面的程序是一个机械臂自动工作的程序，主要是为了让机械臂实现自动搬运物品的功能。但是，机械臂的动作一旦出错了，必须要进行调试，而此程序中并没有提供输入控件来进行调试，所以以下是机械臂舵机控制系统的设计方案，也就是机械臂调试程序。

机械臂调试程序的前面板比上一个设计的内容丰富多了，除了一个 VISA resource 组合框、舵机数量输入控件和停止按钮外，还有开发板连接类型选择项、6 个舵机的垂直指针滑动杆和 6 个舵机的读出角度显示控件。垂直指针滑动杆设置角度范围为 0°～180°，它比较适合操作者进行舵机角度的大幅度的调整，而它的数字显示则适合微调角度，以达到最佳效果。机械臂调试程序的前面板如图 11-4 所示。

机械臂调试程序的程序框图中没有用到层叠式顺序结构，程序相对上一个程序较简单。程序框图如图 11-5 所示。

如此一来，当机械臂自动工作出了问题时，先停止程序，然后打开

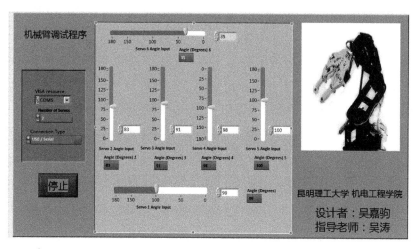

图 11-4　机械臂调试程序的前面板

机械臂调试程序，先选择好串行端口，然后运行程序，使用垂直指针滑动杆进行大幅度调整舵机的角度，当角度调整到了一定范围内，选用数字显示控件进行细调，以达到所要求的角度。

机械臂调试程序的程序框图如图 11-5 所示。

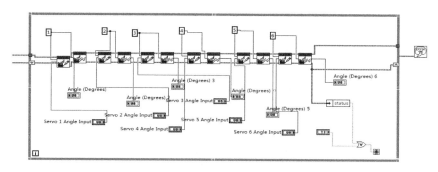

图 11-5　机械臂调试程序的程序框图

需要注意的是，使用垂直指针滑动杆来进行大幅度调整舵机角度时，角度不能调整过大，因为舵机此时会以最快速来调整角度，此时会使得机械臂整体摇晃，所以应尽量在一定范围内以合适的幅度来调整角度。

11. 2　VISA 串口函数的舵机控制

使用这个工具包有一个前提是必须要安装 VISA 的 LabVIEW 插

件，这个插件的功能是管理串口，LabVIEW 与 Arduino 之间的通信全靠这个插件完成。此方式的优点是：可以控制的器件更多，不像 Arduino 工具包上只有基本的传感器可用，它主要是通过控制串口来控制 Arduino。此方法的缺点是：相比较工具包上的简单容易使用的方法，它要求有一定的 LabVIEW 编程能力的人才能使用，比较复杂。

电脑通过 VISA 串口函数通信来控制下位机比使用 Arduino 的工具包的效果更好，因为此时的下位机 Arduino 开发板的程序是由使用者自己编写的，除了能接受电脑通过 LabVIEW 发送的串口数据来进行控制外，还能接受其他基于串口通信的设备的通信信号。例如，具有蓝牙串口功能的手机使用串口通信助手发送字符串数据给下位机 Arduino 开发板，然后 Arduino 开发板处理接收到的数据，执行指定的指令；而 Arduino 一旦使用了 LabVIEW 的 Arduino 工具包上的下位机程序后，只能接收使用了 LabVIEW 的 Arduino 工具包函数的电脑指令，而不能接收非 LabVIEW 开发环境使用下的电脑和其他无线设备的信号。

在 LabVIEW 中要编写串口通信程序，不仅要具备 LabVIEW 软件，还必须另外安装 NI＿VISA 串口通讯协议驱动。安装完 NI＿VISA，在框图程序界面空白处右击鼠标，出现函数工具库面板，再点击"仪器 I/O"→"串口"，就会出现串口函数 VI 子面板，如图 11-6 所示。

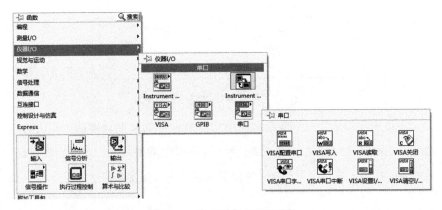

图 11-6 串口函数 VI 子面板

（1）VISA 串口函数控制一个舵机

使用 VISA 串口函数来控制舵机是本章最难的设计。控制一个舵机不难，但是如果使用 VISA 串口函数来控制多个舵机，难度就大多了。我们先来看控制一个舵机的例子。

先对上位机进行编程设计。前面板上，首先放置一个设计好的旋钮控件，设置其角度范围为 0°～180°。然后放置一个选择串口号的枚举控件，最后放置一个退出按钮。一个舵机简单控制的 VI 前面板如图 11-7 所示。

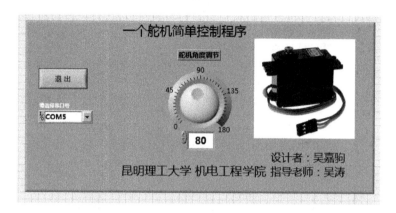

图 11-7　一个舵机简单控制的 VI 前面板

接下来进行程序框图的设计。VISA 函数在函数→仪器 I/O→VISA 里。本设计所用到的 VI 函数有：VISA 配置串口、VISA 写入、VISA 设置 I/O 缓冲区大小、VISA 关闭。各个串口函数功能如表 11-1 所列。

利用这些 VISA 串口函数来设计编程，一个舵机简单控制的 VI 程序框图如图 11-8 所示。

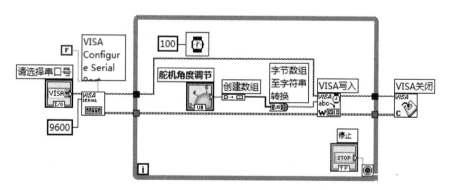

图 11-8　一个舵机简单控制的 VI 程序框图

表 11-1 各个串口函数功能

VI 名称	VI 图形	VI 功能
VISA 配置串口	启用终止符(T) 终止符(0×A=′\n′=LF) 超时(10秒) VISA 资源名称 波特率(9600) 数据比特(8) 奇偶(0:无) 错误输入(无错误) 停止位(10:1位) 流控制(0:无) VISA资源名称输出 错误输出	完成串口参数的初始化设置,包括了串口资源名称、波特率、奇偶校验、数据比特、是否启用终止符等
VISA 写入	VISA资源名称 写入缓冲区 错误输入(无错误) VISA资源名称输出 返回数 错误输出	使写入缓冲区的数据写入 VISA 资源名称指定的设备或接口
VISA 设置 I/O 缓冲区大小	VISA资源名称 屏蔽(16) 大小(4096) 错误输入(无错误) VISA资源名称输出 错误输出	设置 I/O 缓冲区大小
VISA 关闭	VISA资源名称 错误输入(无错误) 错误输出	关闭 VISA 资源名称指定的设备会话句柄或事件对象

下位机 Arduino 程序设计中,由于只控制一个舵机,所以只用到了数字信号引脚 11。由于 LabVIEW 发送的是舵机角度,所以下位机程序接收的数据也是舵机角度,把它写入舵机函数中执行。

主程序如下:

```
void loop ()
{
  if (Serial.available ()) //如果串口接收缓冲区中接收的字
节数存在
    {
```

```
val=Serial.read ();//接受LabVIEW下传的舵机角度值
myservo.write (val);//根据角度值，驱动舵机
delay (15);//等待舵机，到达转动位置
    }
}
```

（2）VISA串口函数控制多个舵机

如果要控制多个舵机的话，则上位机与下位机的编程中采用数组进行编程。其实上一个程序中已经采用了数组功能的函数："创建数组"，不过只是一维数组（只有一个元素）。上位机的 LabVIEW 编程设计的前面板设计采用了六个旋钮控件，六个舵机控制程序的前面板如图 11-9 所示。

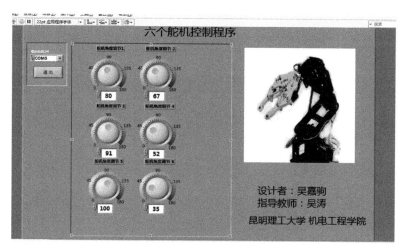

图 11-9　六个舵机控制程序的前面板

程序框图设计中，把"创建数组"函数扩展开，产生七个输入，第一个输入为数组索引号，设为 1；后面六个输入连接六个旋钮控件；接下来输出接到"字节数组至字符串转换"，输出的是字符串，把它接到 VISA 写入函数中，最后接到 while 循环外的 VISA 关闭函数。六个舵机控制程序的程序框图如图 11-10 所示。

下位机 Arduino 开发板的程序设计首先定义一个数组，用来接收六个舵机的角度值。此值是 LabVIEW 上以字符串形式发送，在 Arduino

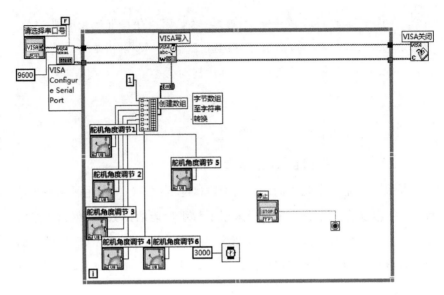

图 11-10 六个舵机控制程序的程序框图

中要用字节数组变量接收它。

以下是主函数的内容：

```
void loop ()
{
  if (Serial.available () >0) //如果串口接收缓冲区中接收
的字节数大于 0
  {
  for (i=0; i<6; i++)
  {
  val [i] =Serial.read (); //接受 LabVIEW 下传的舵机角度
值
  }
  k1=val [0];
  k2=val [1];
  k3=val [2];
  k4=val [3];
```

```
k5=val [4];

k6=val [5];

servo1.write (k1); delay (5); //根据角度值，驱动舵机

servo2.write (k2); delay (5);

servo3.write (k3); delay (5);

servo4.write (k4); delay (5);

servo5.write (k5); delay (5);

servo6.write (k6); delay (5); //等待舵机，到达转动位置

}

}
```

本程序的运行效果一般，舵机运行时抖动得很厉害，而且它有一个等待时间，输入数据等待 3s 左右才有反应。假如把等待时间设为100ms，则此时舵机摇晃得很厉害，应该是它采集数据的时间间隔过短，导致采集信号出错，所以要设置到 3s 左右。

控制舵机的程序除了直接读取角度输入值方式以外，还有一种方式是设置多个舵机的角度变量，上位机发送字符串指令（非舵机角度）给下位机，通过多个按钮的触发改变变量来控制舵机。以下的设计采用这种方式来编程。

先进行控制一个舵机的程序设计，这里只控制一个舵机，舵机接在数字信号引脚 11 上。首先对 LabVIEW 的前面板进行设计。这里只放置一个串口选择组合框、波特率数值输入控件、角度增加和角度减少按钮控件以及一个退出程序按钮控件。另一种单个舵机控制程序的前面板如图 11-11 所示。

此程序的程序框图设计中除了 VISA 初始化设置、while 循环结构，还使用到了事件结构，它在函数→编程→结构中。事件结构主要是通过

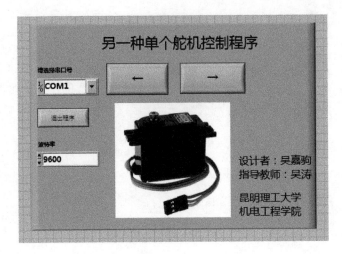

图 11-11　另一种单个舵机控制程序的前面板

按下按钮产生了一个行为：值改变，用来触发特定的指令。由于已经添加了两个布尔按键控件，所以事件结构中的事件触发由它们引起。右键点击事件结构，由于默认下只有"超时事件"，所以要点击"添加事件分支"，进入"编辑事件"，在事件源的控件中选中布尔按键控件，右边的"事件"选择"值改变"，点击确认，完成建立一个事件。本设计只需要 4 个事件：超时、退出、左以及右。另一种单个舵机控制程序的程序框图如图 11-12 所示。

下位机是 Arduino 开发板的程序。

实际运行结果没什么问题，只是每一次按下按钮时，舵机只是转动微小的角度。所以这种方式控制舵机比较慢，不如第一种的控制方式迅速。

接下来，进行另一种的六个舵机的控制系统设计。

首先对 LabVIEW 的前面板进行设计。控制 6 个舵机需要 12 个按键控件，为了区分按键，可对各个舵机标明舵机号或者对其按键进行不同颜色的区分。最底下的是舵机 1 的两个按键，往上的是舵机 2、舵机 3、舵机 4 的按键，再往上的是舵机 5 的按键，最顶层的是舵机 6 的按

键。左边的是初始化设置、自动执行按键和退出程序按键。另一种六个
舵机控制程序的前面板如图 11-13 所示。

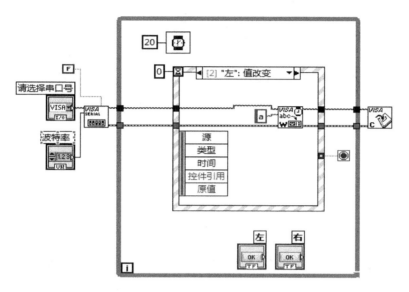

图 11-12 　另一种单个舵机控制程序的程序框图

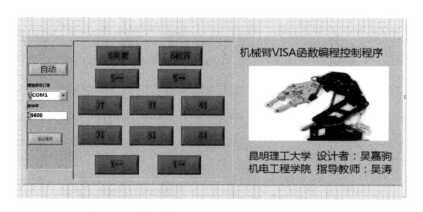

图 11-13 　另一种六个舵机控制程序的前面板

接下来是程序框图的设计。程序框图中依然要使用到事件结构。事
件分支总共有 15 个，除了超时、退出以外，就是各个舵机的增减量事
件与自动执行事件。另一种六个舵机控制程序的程序框图如图 11-14
所示。

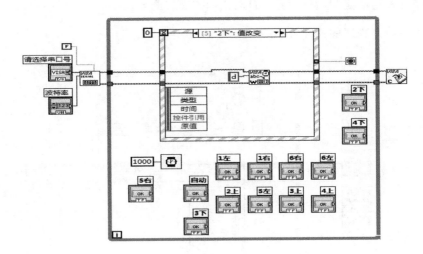

图 11-14　另一种六舵机控制程序的程序框图

11.3　VISA 串口函数的移动机器人控制

上位机电脑的 LabVIEW 程序设计思路如下。

前面板设计是这样的，移动机器人的蓝牙控制函数有 9 个功能：前进中左转、前进、前进中右转、原地左转、停止、原地右转、后退中左转、后退和后退中右转，所以在前面板设计中放置 9 个按钮对应 9 个功能。另外还要放置 3 个控件，分别是选择串行通信端口、波特率和退出程序。移动机器人遥控程序的前面板如图 11-15 所示。

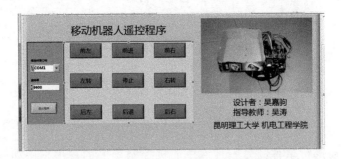

图 11-15　移动机器人遥控程序的前面板

接下来是移动机器人遥控程序的程序框图的设计。本设计用到了事件结构，通过 10 个按键触发 10 个不同的事件。所谓事件，就是移动机器人的动作。不同的事件内容做同样的事情，发送特定的字符串到下位机中。移动机器人遥控程序的程序框图如图 11-16 所示。

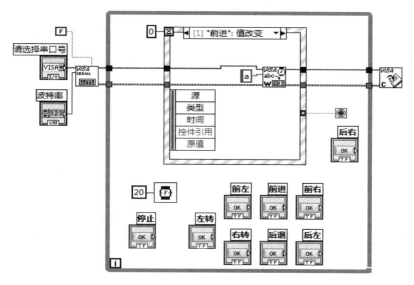

图 11-16　移动机器人遥控程序的程序框图

11.4　VISA 串口函数的双足机器人控制

VISA 串口函数的双足机器人系统以 Arduino 作为机器人的控制器，LabVIEW 作为电脑的控制软件，负责人机界面，LabVIEW 与 Arduino 通过蓝牙无线串口模块实现无线通讯。其中，Arduino 负责接收、解析和执行 LabVIEW 发送来的命令信号，并根据不同的命令通过舵机控制板来操作各个舵机，使机器人实现"前进""停止""左转"和"右转"的功能。

11.4.1　系统设计方案

VISA 串口函数的双足机器人系统旨在利用 LabVIEW 软件设计一个与机器人进行人机互动的界面，这个软件界面的功能相当于一个硬件遥控器，直接点击操作界面上的控制按钮，便可以控制机器人执行各种动作。系统的功能模块图如图 11-17 所示。

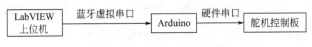

图 11-17　系统功能模块图

在该系统中，电脑作为主机与机器人上的蓝牙从机模块配对连接，同时生成一个串口号，这样电脑与机器人便可以在一定的距离范围内进行无线通信，利用这个虚拟串口，电脑将上位机发出的指令发送给 Arduino 控制器，控制器不断检测串口数据，并判断命令是否有效，根据有效命令控制舵机控制板，使机器人做出相应反应。双足机器人蓝牙控制 LabVIEW 前面板如图 11-18 所示，机器人总共有"前进""左转""右转""停止"四个功能，程序运行前，操作者根据实际情况设置串口参数，然后运行程序，点击四个功能按键，机器人按照所接收到的命令执行相应动作，另外操作者还可以点击"程序结束"按钮，结束程序。

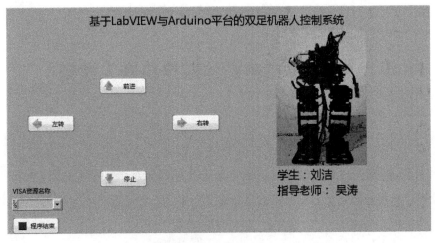

图 11-18　双足机器人蓝牙控制 LabVIEW 前面板

11.4.2　程序框图设计

根据程序要实现的功能，编程时要依次进行程序结构选择、添加串

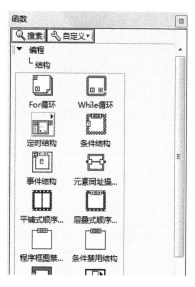

口函数、事件框设计。

（1）程序结构选择

在 LabVIEW 程序框图中可以点击"函数"→"编程"→"结构"找到所需结构，结构选板如图 11-19 所示。

图 11-19　结构选板

由于整个程序运行时数据走向是有一定顺序的，所以就用到平铺式顺序结构，在该结构前后各添加一帧，三个帧从左到右依次用来完成串口创建、往串口写入数据、关闭串口的任务。往串口写入数据是为了给下位机发送命令，用户通过在前面板点击按钮控件，触发某种程序动作，从而达到某种结果。每一个程序动作都称为一个事件，因此，在平铺式顺序结构的第二个帧中需要嵌套事件结构，程序中只能放置一个事件结构，如果想在程序中处理几种不同的事件，可以在单个事件结构中创建多个分支。为了可以连续处理事件，需要用 While 循环来一直执行事件结构，因此事件结构总是放在一个 While 循环结构中，如果没有 While 循环结构，事件结构处理完一次事件，就会退出程序。综上所述，该程序的结构框架图如图 11-20 所示。

（2）添加串口函数

在第一个平铺结构帧中需要添加 VISA 配置串口函数，VISA 配置

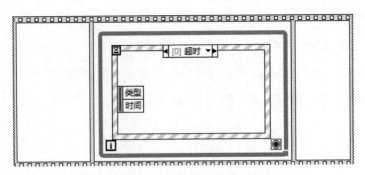

图 11-20　程序的结构框架图

串口函数参数设置如图 11-21 所示。在其后连接 VISA 设置 I/O 缓冲区大小函数，VISA 设置 I/O 缓冲区大小函数参数设置如图 11-22 所示。

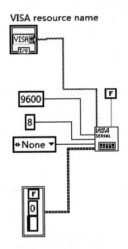

图 11-21　VISA 配置串口函数参数设置

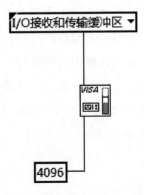

图 11-22　VISA 设置 I/O 缓冲区大小函数参数设置

在第二个平铺结构帧中添加 VISA 写入函数，由于 VISA 写入函数只能写入字符串，而设计中控制命令为十六进制的数值型，因此要利用"字节数组至字符串转换函数"将数值型数组转换为字符串格式，并与回车符号合并写入串口缓冲区，此时才可以形成有效命令。

在数组的三个元素中，只有最后一个元素才是有效命令元素，而55 和 AA 这两个十六进制数是用来当作测试或握手信号的，因为将这两个数展开为二进制，AA 展开为 10101010，55 展开为 01010101，变成串行电平的话就是一个占空比为 50% 的方波，这种方波在电路中最容易被分辨是否受干扰或者畸变，从而判断串口是否通信正常。

最后在第三个平铺结构帧中添加 VISA 关闭函数。

（3）事件框设计

VISA 串口函数的双足机器人系统中，需要添加五个事件分支，依次为"前进""停止""左转""右转"和"程序结束"，前四个事件是用来发送命令控制机器人运动的，事件与命令数据的对应表格如表 11-2 所列。

打开每个事件分支，在前面板添加布尔控件，点击"控件"→"银色"→"布尔"→"按钮"选择，如图 11-23 所示。

表 11-2　事件与命令数据的对应表格

事件	命令数据	事件	命令数据
前进	0x10	左转	0x30
停止	0x20	右转	0x40

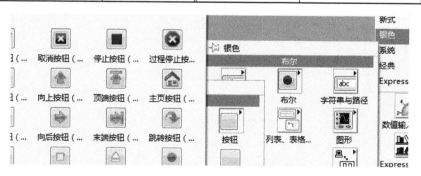

图 11-23　添加布尔控件

前进事件框图如图 11-24 所示。

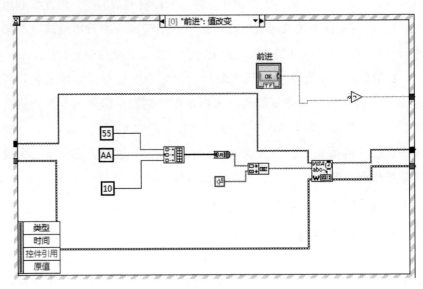

图 11-24　前进事件框图

停止事件框图如图 11-25 所示。

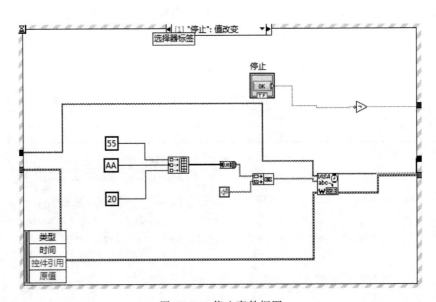

图 11-25　停止事件框图

左转事件框图如图 11-26 所示。

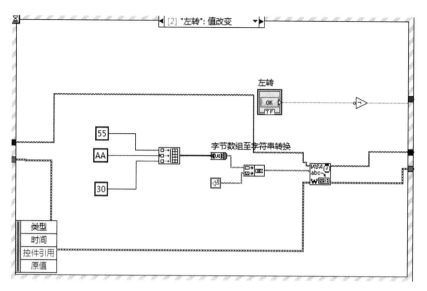

图 11-26　左转事件框图

右转事件框图如图 11-27 所示。

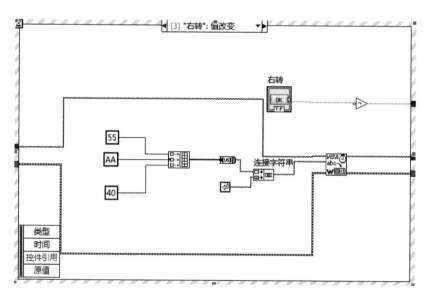

图 11-27　右转事件框图

程序结束事件框图如图 11-28 所示。

连接好事件框图，在事件结构边框上右击，选择"编辑本分支事

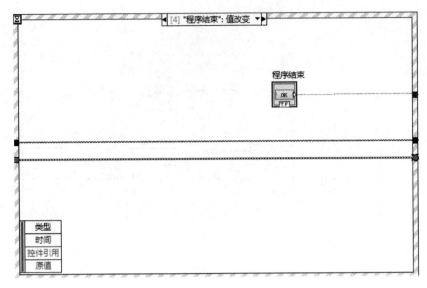

图 11-28 程序结束事件框图

件"，事件结构编辑框如图 11-29 所示，依次编辑五个分支的事件名称、事件源，触发方式为"值改变"。

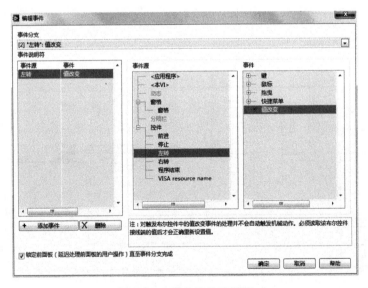

图 11-29 事件结构编辑框

11.4.3 Arduino 下位机程序设计

图 11-30 为下位机程序设计流程图。

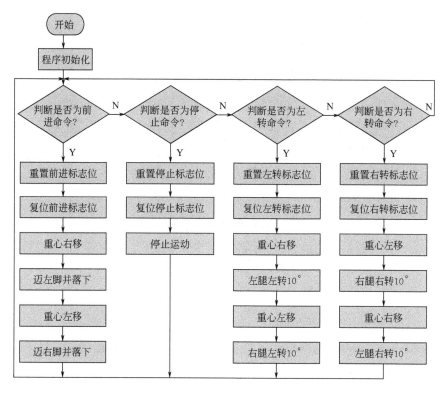

图 11-30 下位机程序设计流程图

（1）程序初始化

初始化部分主要完成以下内容。

① 定义命令名称。

② 定义数组数据，存放串口数据。

③ 命令标志位初始化为 0。

④ 调用创建虚拟串口函数，由于 Arduino UNO R3 只有一个硬件串口，而在该系统中，蓝牙与 PC 机通信和舵机控制板与 Arduino 通信均为串口通信，彼此必须利用软件创建一个虚拟串口，才能避免通信干扰。

⑤ 定义虚拟串口和硬件串口波特率。

⑥ 将舵机角度初始化为 90°。

程序如下：

```
♯define GO _ COMMAND   0x10//前进命令
♯define STOP _ COMMAND   0x20//停止命令
♯define LEFT _ COMMAND   0x30//左转命令
♯define RIGHT _ COMMAND   0x40//右转命令
byte comdata [3]; //定义数组数据，存放串口命令数据
int GO _ mark＝0; //定义前进标志位
int STOP _ mark＝0; //定义停止标志位
int LEFT _ mark＝0; //定义左转标志位
int RIGHT _ mark＝0; //定义右转标志位
void receive _ data (void); //接受串口数据
void test _ data (void); //测试串口数据是否正确，并更新数据
void do _ command (void); //执行更新的数据
♯include ＜SoftwareSerial. h＞//调用软串口函数库
SoftwareSerial mySerial (7, 6); //pin7 接蓝牙模块 TX 端,
pin6 接蓝牙模块 RX 端
void setup () //初始化函数
{
mySerial. begin (9600); //定义虚拟串口波特率
Serial. begin (9600); //定义硬件串口波特率
Serial. println (" ♯1P1500♯2P1500♯3P1500♯4P1500♯5P1500
♯6P1500♯7P1500♯8P1500T800" ); //机器人每个舵机初始化为
90°
delay (2000); //延时 2000ms
}
```

（2）执行主程序

主程序功能是不断检测虚拟串口是否有数据，然后接受串口数据、测试串口数据是否正确并更新、执行有效数据命令。

① 接受串口数据函数，通过此函数将虚拟串口缓存区的数据读取出来，并保存到 comdata [　] 数组中。

程序如下：

```
void receive _ data (void) //定义接受串口数据函数
{
int i; //定义数值常量
for (i=0; i<3; i++) //循环 3 次接受串口数据
{
comdata [i] =mySerial.read (); //储存串口数据
delay (20); //延时 20ms
}
}
```

② 测试串口数据是否正确并更新，通过此函数，将数组中前两个
元素依次与 0x55 和 0xAA 这两个测试数据比较，如果相等，则数组中
的第三个元素为有效命令数据，再判断具体的命令名称，并将收到的命
令的标识符置 2，相当于上位机中控制按钮按下。

程序如下：

```
void test _ data (void) //定义测试串口数据函数
{
if (comdata [0] =0X55)
{
if (comdata [1] =0XAA) //0X55 和 0XAA 均用来判断是否为有效
命令
{
if (comdata [2] =GO _ COMMAND) //判断是否为前进命令
{
GO _ mark=2; //重置前进命令标志位
}
if (comdata [2] =STOP _ COMMAND) //判断是否为停止命令
{
```

```
STOP_mark＝2; //重置停止命令标志位
}
if (comdata [2] ＝LEFT_COMMAND) //判断是否为左转命令
{
LEFT_mark＝2; //重置左转命令标志位
}
if (comdata [2] ＝RIGHT_COMMAND) //判断是否为右转命令
{
RIGHT_mark＝2; //重置右转命令标志位
}
}
}
}
```

③ 执行有效命令函数，通过该函数，在每个命令下设置机器人对应的动作组，在得知命令要求后，首先复位命令标志位，相当于在上位机中控制按钮弹起，然后再执行相应的动作组，以前进为例。

程序如下：

```
void do_command (void) //执行命令
{
if (GO_mark＝2) //判断是否为前进命令
{
GO_mark＝0; //复位前进标志位
Serial.println (" ♯7P1590♯8P1590T500" ); //机器人重心右
移，左腿抬起
delay (1000); //延时 1000ms
Serial.println ( " ♯ 4P1389 ♯ 3P1389 ♯ 5P1389 ♯
6P1389T500" ); //左脚向前迈步
delay (1000); //延时 1000ms
```

```
Serial.println（"♯7P1350♯8P1350T500"）；//重心左移，右
腿抬起
delay（1000）；//延时1000ms
Serial.println（"♯3P1611♯5P1611♯4P1611♯
6P1611T500"）；//右脚向前迈步
delay（1000）；//延时1000ms
}
```

11.4.4 系统实验

系统实验主要从蓝牙串口调试和实验操作步骤两方面来详细阐述。

（1）蓝牙串口调试

在系统工作之前要首先借助串口调试软件来检测蓝牙模块是否通信正常。

调试步骤如下：

① 断开舵机控制板与 Arduino 扩展板的连接。

② 将蓝牙模块 HC-06 连接到 Arduino 扩展板的 Bluetooth 功能模块处。

③ 在电脑上插上蓝牙适配器，使电脑具有蓝牙功能。

④ 插上 Arduino 控制板，打开电源，此时 HC-06 模块红色指示灯一直闪烁。

⑤ 在电脑上打开串口调试软件，串口调试助手界面如图 11-31 所示。

⑥ 选择串口号，波特率等参数。

⑦ 点击"打开串口"按钮，若连接成功，旁边红色指示灯亮，且 HC-06 模块上的红色指示灯常亮，不再闪烁。

⑧ 依照程序内容，在字符串输入框中输入字符串"AT"，点击"发送"按钮。

⑨ 此时，在界面上方的显示区域中会看到"OK"，代表蓝牙连接成功，且通信正常。

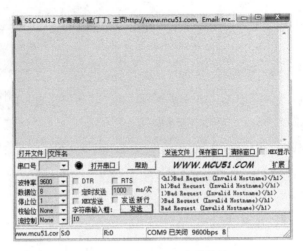

图 11-31　串口调试助手界面

（2）实验操作步骤

实验的操作步骤如下。

① 组装好机器人，并连接好电路。

② 编辑好 Arduino 下位机程序。

③ 将 Arduino UNO R3 上层叠连接的扩展板拔掉。

④ 插上数据线，将程序下载到 Arduino UNO R3 中。

⑤ 插好舵机电源。

⑥ 打开主控制板电源。

⑦ 打开电脑，插上蓝牙适配器，安装千月蓝牙驱动和串口软件。

⑧ 打开千月串口助手，千月串口助手界面如图 11-32 所示。

图 11-32　千月串口助手界面

⑨ 依次点击"启动蓝牙按钮" → "搜索设备按钮"，此时电脑蓝牙

搜索到 HC-06 蓝牙模块，蓝牙配对示意图如图 11-33 所示。

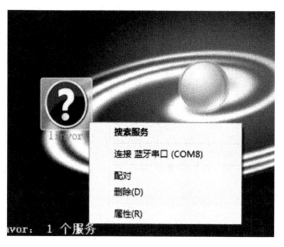

图 11-33　蓝牙配对示意图

⑩ 点击"配对"按钮，跳出"蓝牙口令"输入框，如图 11-34 所示，输入蓝牙口令"1234"。

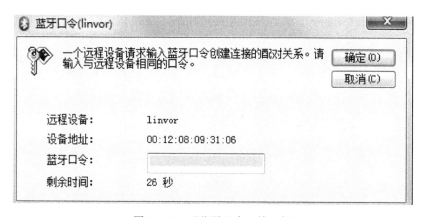

图 11-34　"蓝牙口令"输入框

⑪ 右键点击左上方蓝牙串口按钮 　，然后点击"连接"按钮，创建串口 COM8。

⑫ 打开 LabVIEW 上位机程序。

⑬ 在前面板中选择串口号 COM8。

⑭ 点击运行按钮。

⑮ 在上位机程序运行过程中，点击"前进""左转""右转""停止"等按钮，机器人将执行相应动作。

⑯ 在上位机程序运行过程中，可以点击"程序结束"按钮或页面左上角的停止来终止程序运行。

实验顺利，机器人会按照上位机发出的指令执行相关动作。需要注意的是，在下位程序中，利用 if 语句来不断检测串口数据，满足判断后，执行 if 中的语句，但是每发送一次命令，相关语句会执行一次，不会循环运行。例如，当在上位机前面板按下"前进"按钮，机器人只会向前行走一步，这是该控制系统存在的不足之处。另外结合第 9 章内容，将避障功能融合到该系统中，具体做法只需在上位机程序中再添加一个事件分支，在下位机程序加上相应的避障程序即可，从而使机器人的功能更为完善。

在实验过程中，经常会遇到串口被占用的问题，这可能是因为在调试蓝牙模块后没有关闭串口和蓝牙调试助手，此时运行 LabVIEW 程序，便会提醒串口被占用。另外，在调试蓝牙时，利用蓝牙调试软件所创建的串口在 LabVIEW 程序中是不可用的，必须利用千月软件重新创建串口。

此外，在运行 LabVIEW 程序时，运行出错，查看数据流，发现没有数据进入事件结构中，这可能是因为 VISA 设置 I/O 缓冲区大小参数设置有误，导致数据进不到缓冲区或者数据丢失。

第12章

基于Arduino和Android平台的控制系统设计

Android 操作系统目前在数量上占据了市场上的很大优势，受到了越来越多的开发者、生产商以及用户的喜爱。本系统使用 Android 系统作为控制程序，只需要一台支持 Android 的设备就可以轻松控制，节省开支，使用方便。对 Android 的编程是运用 Java 编程语言和 Eclipse 开发环境来实现的。Android 项目的开发是为了当代社会发展的需求。Arduino 单片机适用于各种各样的模块，可以控制蜂鸣器、开关等模块工作，可以使用蓝牙、WiFi 等模块传输数据。

本章将介绍基于 Arduino 和 Android 平台的蓝牙寻找器和车位引导系统的设计方案。

12.1 蓝牙寻找器

蓝牙寻找器是当下比较流行的设备，它可以帮助人们寻找自己所需要的东西或家人，使用方便，节省时间。使用 Arduino 单片机进行蓝牙寻找器的设计，节约成本，控制方便。使用 Android 操控平台，只要带蓝牙的 Android 客户端就可以轻松控制，是智能家居的必备精品。

该系统的设计目的是制作一个蓝牙寻找器，带蓝牙模块和蜂鸣器模块的 Arduino 控制板与支持蓝牙的 Android 移动客户端连接并通信，控制蓝牙寻找器上的蜂鸣器报警，方便快捷寻找物品或人。

12.1.1　系统设计思路

该系统的设计要求是在蓝牙模块打开的情况下，通过 Android 客户端控制蓝牙寻找器报警。系统功能模块图如图 12-1 所示，蓝牙寻找器通过蓝牙模块发送和接收 Android 客户端的数据，确定蜂鸣器是否报警。

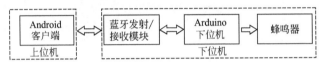

图 12-1　系统功能模块图

Android 客户端通过蓝牙和 Arduino 下位机建立连接，在蓝牙连接以后，通过发送 1 或者 0 的信号给下位机，控制下位机连接的蜂鸣器报警，从而实现物品寻找功能。当下位机接收到 1 的信号时，蜂鸣器连接的引脚置为高，蜂鸣器报警，当 Android 客户端发送 0 的信号时，蜂鸣器连接的引脚置为低，蜂鸣器处于断开连接。

12.1.2　硬件组成

该系统是一个基于 Arduino 平台的蓝牙寻找器，主要由一块 Arduino UNO 主控制器、一个蓝牙模块、一个有源蜂鸣器模块、一个开关、一个移动电源组成。蓝牙寻找器实物图如图 12-2 所示，实际的实物做出来要小得多。

系统的主控制器是 Arduino UNO，用若干导线连接蜂鸣器、蓝牙模块和开关即可。为方便实验，使用面包板连接各种设备，用移动电源连接 Arduino UNO 的 USB 口供电。

系统工作时，Arduino UNO 通过硬件串口发送蜂鸣器的控制信号，从而驱动蜂鸣器工作。Arduino 的 TX 端与蓝牙模块的 RX 端连接，Arduino 的 RX 端与蓝牙模块的 TX 端连接，使用 Arduino 的 5V 引脚

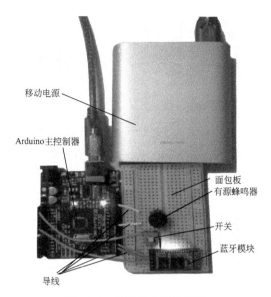

图 12-2　蓝牙寻找器实物图

和 GND 引脚连接蓝牙模块的相应引脚为其供电。

　　本系统使用有源蜂鸣器作为报警装置，根据蓝牙接收到的数据选择是否报警，蓝牙模块主要实现 Arduino 控制器与 Android 客户端的通信，开关连接在蓝牙模块的供电引脚上，当开关打开，蓝牙进入待连接模式，通过 Android 客户端与 Arduino 控制器连接实现控制。

　　硬件整体线路连接图如图 12-3 所示。

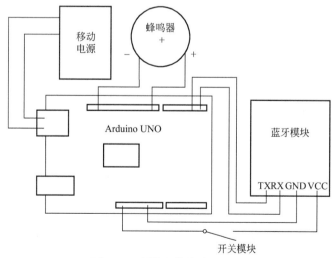

图 12-3　硬件整体线路连接图

12.1.3 软件设计流程

系统软件设计的流程图如图 12-4 所示。

图 12-4　系统软件设计的流程图

12.1.4 软件程序介绍

系统软件程序主要包括 Android 客户端和 Arduino 下位机程序。

（1）Android 客户端

Android 客户端主要实现的功能是连接蓝牙设备，发送指令给下位机程序，其界面主要有两部分组成，一部分是连接蓝牙设备，一部分是操作界面。程序内容主要由三方面组成，分别是 MainActivity. java、BluetoothService. java、DeviceListActivity. java，MainActivity. java 是程序 Activity，用于启动蓝牙、创建对象、收发消息等操作；BluetoothService. java 包含蓝牙连接的所有操作，其有三个线程用于各种情况的连接；DeviceListActivity. java 是一个对话框 Activity，作用是得到系统默认蓝牙设备的已配对设备列表和未配对新设备列表，然后提供点击后发出连接设备请求的功能。程序运行界面如图 12-5 所示。

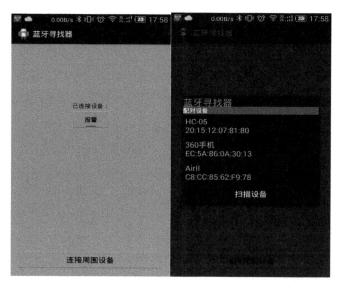

图 12-5　程序运行界面

（2） Arduino 下位机程序

Arduino 下位机程序主要是对 Android 客户端所发送的消息进行处理，并控制蜂鸣器报警，其程序比较简单。

程序如下：

```
#include<SoftwareSerial.h>
//设置蓝牙模块和蜂鸣器模块连接引脚
const int rxpin=2;
const int txpin=3;
const int buzzer=8;
int date;
SoftwareSerial mySerial=SoftwareSerial (2, 3);
    //初始化引脚状态
void setup () {
    pinMode (rxpin, INPUT);
    pinMode (txpin, OUTPUT);
    pinMode (buzzer, OUTPUT);
```

```
    digitalWrite (buzzer, LOW);

    mySerial.begin (9600);

}

    //循环执行程序
void  loop () {

    if (mySerial.available () ＞0) {

    date＝mySerial.read ();

    }

    if (date＝＝ '1') {

    digitalWrite (buzzer, HIGH);

    delay (50);

    digitalWrite (buzzer, LOW);

    delay (50);}

}
```

12.1.5　操作步骤

操作步骤如下。

① 按照硬件说明，组装蓝牙寻找器各个功能模块，并连接好电路。

② 将 Arduino UNO 通过数据线连接电脑，安装驱动。

③ 在电脑上下载 Arduino 软件平台。

④ 在 Arduino 软件平台上编辑好程序。

⑤ 点击 ✅ 按钮，检查程序无误。

⑥ 插上数据线，点击 ➡ 按钮，将程序下载到 Arduino UNO 中。

⑦ 打开 Eclipse 编译源码并导出 APK。

⑧ 安装 Android 客户端到手机上。

⑨ 打开手机蓝牙并连接下位机的蓝牙模块。

⑩ 通过开关按钮控制蜂鸣器报警。

程序运行状态如图 12-6 所示。

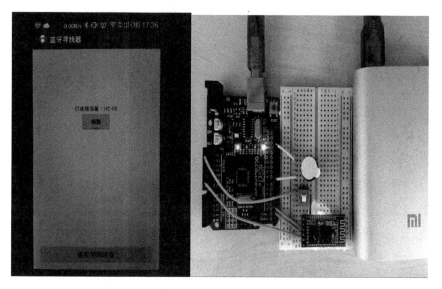

图 12-6　程序运行状态

12.2　物联网车位引导系统

随着社会经济、生产技术的快速发展和人们生活水平的不断提高，汽车不再作为一种奢侈品存在，而是已经进入了人们的日常生活中，成为不可或缺的出行代步工具。在汽车保有量猛增、停车位数量有限的情况下，想要满足日益增长的停车位需求，最好的办法就是提高停车位的利用率。创建高效有序地停车环境，不仅能实现节能减排，还能节省人力物力。

目前停车场的管理人员仅限于收取停车费，较少参与停车管理。由于管理人员疏于管理造成停车人的随意停车，停车场内无序停车、道间停车、弯道停车的现象比较普遍，使得停车场不能得到有效利用，和如今社会的现代化、智能化很不相符。所以我们试着去设计这样一套智能管理系统，实现停车场内的无人化管理，使得停车场的管理规范科学高效。

本软件包含 Arduino 下位机程序和 Android 客户端程序。

Arduino 下位机采用 Arduino V1.5.6 平台编写，并生成相应执行文件。

Android 客户端使用集成 Android 开发环境的 Eclipse 平台编写，并编译打包成安装包；在 ubuntu 系统上运行。

12.2.1 系统设计思路

该系统的设计要求是建立合适的停车位检测系统，并在上位机中动态显示停车位的使用情况，系统功能模块如图 12-7 所示，超声波模块连续测量停车位与障碍物之间的距离，从而得到停车位的使用情况，并把信号传递给 ESP8266 无线模块，无线模块连接所在的局域网，从而可以在局域网中得到所传递的信号，并通过 Android 客户端实现访问。Android 客户端显示停车位的使用情况并可以生成记录。

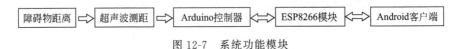

图 12-7 系统功能模块

12.2.2 硬件组成

该系统是一个基于 Arduino 的物联网车位引导系统，主要由一块 Arduino UNO 主控制器、一块 Arduino 传感器扩展板、一个 ESP8266WiFi 模块、多个超声波模块、一个移动电源组成。物联网车位引导系统硬件连接图如图 12-8 所示。

系统的主控制器是 Arduino UNO，可利用 Arduino Sensor Shield V5.0 传感器扩展板来扩展传感器，也就是说，扩展板是将相应的引脚从 Arduino 板子上引出而已，然后用若干导线连接超声波模块、WiFi 模块即可。为方便实验，用移动电源连接 Arduino UNO 的 USB 口供电。

系统工作时，超声波模块检测停车位的使用情况并反馈给 ArduinoUNO，Arduino UNO 通过连接的 ESP8266 模块发送停车场使用情况的信号给上位机 Android 客户端，Android 客户端接收信号并通过画面展示停车场的使用状况，用户通过点击停车位选择车位并生成记录，从而方便用户停取车。本系统所用的 ESP8266 模块只是作为一个服务器模块，因此 ESP8266 模块必须和 Android 客户端同时接入一个路由器或者局域网才可以相互访问。

本系统使用超声波模块作为检测装置，根据超声波模块检测到的障碍物距离判断停车场是否被占用，检测信号经过 Arduino 主控制器处理传递到 ESP8266 模块，由 ESP8266 模块把信号传递到 Android 客户端，Android 客户端根据接收到的信号显示停车场的占用情况，用户可以点击未被占用的停车位选定车位并在取车单元查看记录。

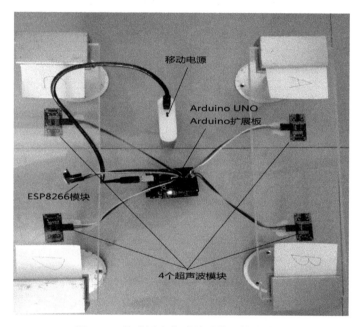

图 12-8　物联网车位引导系统硬件连接图

硬件整体接线图如图 12-9 所示。

12.2.3　软件设计流程

系统软件设计流程图如图 12-10 所示。

在打开 Android 客户端的时候，会自动连接服务器的地址，实现服务器的访问，自动把下位机检测到的信号传输给 Android 客户端，Android 客户端通过不同的信号显示不同的车位状态，红色表示车位被占用，绿色表示车位可用，进而为用户提供选择。

系统软件主要包括 Arduino 下位机程序和 Android 客户端程序。

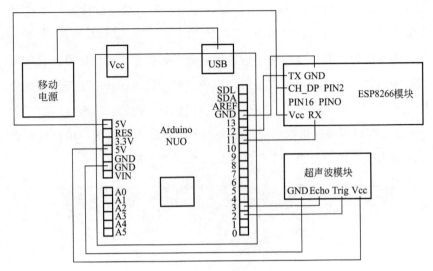

图 12-9　硬件整体接线图

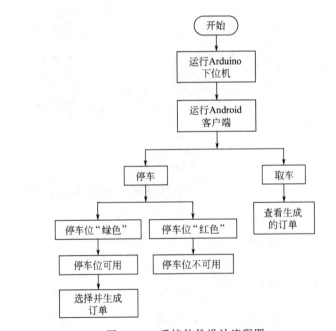

图 12-10　系统软件设计流程图

（1）Arduino 下位机程序

Arduino 下位机主要是把超声波传感器获得的数据传输到服务器上，提供给 Android 客户端消息，其程序比较简单。下位机程序流程图如图 12-11 所示。

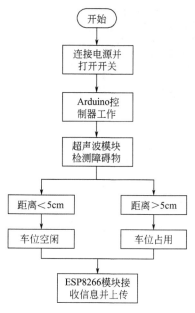

图 12-11　下位机程序流程图

（2）Android 客户端

Android 客户端主要实现的功能是连接服务器，发送指令给下位机程序，其界面主要有两部分组成，一部分是停取车选择，一部分是车位检测和操作界面。程序内容主要由以下几方面组成，分别是 MainActivity.java、MainActivity01.java、MainActivity02.java、MinusOne.java、MinusTwo.java、MinusThree.java，程序运行界面如图 12-12 所示。

MainActivity.java 是程序主程序用于确认用户选择，根据用户的不同选择加载不同的窗口内容；MainActivity01.java 主要用来显示停车场状态的页面并提供用户选择车位；MainActivity02.java 主要用来记录生成的停车信息，方便用户取车。

上位机程序流程图如图 12-13 所示。

12.2.4　操作步骤

操作步骤如下。

① 按照硬件说明，组装 Arduino 下位机各个功能模块，并连接好

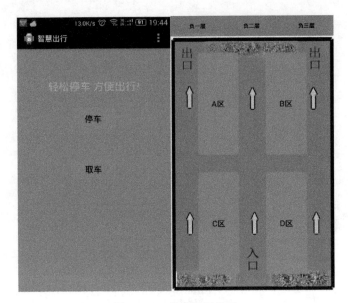

图 12-12　程序运行界面

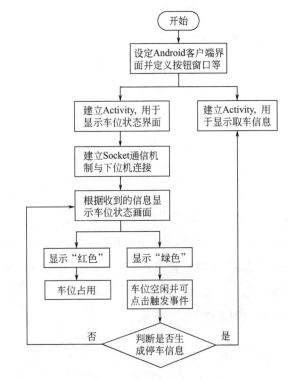

图 12-13　上位机程序流程图

电路。

② 将 Arduino UNO 通过数据线连接电脑，安装驱动。

③ 在电脑上下载 Arduino 软件平台。

④ 在 Arduino 软件平台上编辑好程序。

⑤ 点击 ✔ 按钮，检查程序无误。

⑥ 插上数据线，点击 ➡ 按钮，将程序下载到 Arduino UNO 中。

⑦ 打开 Eclipse 编译源码并导出 APK。

⑧ 安装 Android 客户端到手机上。

⑨ 给 Arduino 下位机供电并打开 Android 客户端。

⑩ Android 客户端显示停车场状态并提供选择车位。程序运行过程如图 12-14 所示。

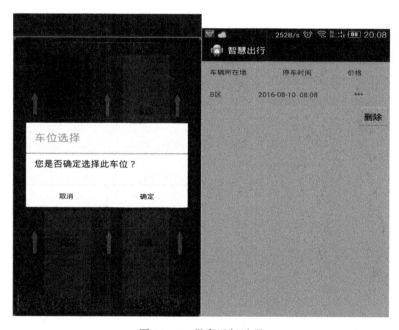

图 12-14　程序运行过程

三轮型小车循迹行进程序

```
int MotorRight1=8;

int MotorRight2=9;

int pwmR=5;

int pwmL=10;

int MotorLeft1=11;

int MotorLeft2=12;

const int SensorLeft=7; //左传感器输入脚

const int SensorMiddle=4 ; //中间传感器输入脚

const int SensorRight=3; //右传感器输入脚

int SL; //左传感器状态

int SM; //中间传感器状态

int SR; //右传感器状态

void setup ()

{

  Serial. begin (9600);

  pinMode (MotorRight1, OUTPUT); //脚位 8
```

```cpp
    pinMode (MotorRight2, OUTPUT); //脚位 9
    pinMode (MotorLeft1, OUTPUT); //脚位 11
    pinMode (MotorLeft2, OUTPUT); //脚位 12
    pinMode (pwmR, OUTPUT); //脚位 5
    pinMode (pwmL, OUTPUT); //脚位 10
    pinMode (SensorLeft, INPUT); //定义左传感器为输入
    pinMode (SensorMiddle, INPUT); //定义中间传感器为输入
    pinMode (SensorRight, INPUT); //定义右传感器为输入
}
void loop ()
    {
    SL=digitalRead (SensorLeft);
    SM=digitalRead (SensorMiddle);
    SR=digitalRead (SensorRight);
        if (SM==HIGH) //中间传感器在黑色区域
        {
            if (SL==LOW & SR==HIGH) //左白右黑，向右转弯
            {
                analogWrite (pwmL, 100);
                analogWrite (pwmR, 100);
                digitalWrite (MotorRight1, HIGH);
                digitalWrite (MotorRight2, LOW);
                digitalWrite (MotorLeft1, LOW);
                digitalWrite (MotorLeft2, HIGH);
            }
            else if (SR==LOW & SL==HIGH) //左黑右白，向左转弯
            {
                    analogWrite (pwmR, 100);
                    analogWrite (pwmL, 100);
```

```
        digitalWrite (MotorRight1, HIGH);

        digitalWrite (MotorRight2, LOW);

        digitalWrite (MotorLeft1, LOW);

        digitalWrite (MotorLeft2, HIGH);

    }
  else//前进
    {

        analogWrite (pwmR, 100);

        analogWrite (pwmL, 100);

        digitalWrite (MotorRight1, LOW);

        digitalWrite (MotorRight2, HIGH);

        digitalWrite (MotorLeft1, LOW);

        digitalWrite (MotorLeft2, HIGH);

    }
}
else//中间传感器在白色区域
  {
   if (SL==LOW & SR==HIGH) //左白右黑, 快速右转
    {

      analogWrite (pwmL, 254);

      analogWrite (pwmR, 0);

        digitalWrite (MotorRight1, HIGH);

        digitalWrite (MotorRight2, HIGH);

        digitalWrite (MotorLeft1, LOW);

        digitalWrite (MotorLeft2, HIGH);

    }
   else if (SR==LOW & SL==HIGH) //左黑右白, 快速左转
    {

        analogWrite (pwmR, 254);
```

```
        analogWrite (pwmL, 0);
        digitalWrite (MotorRight1, LOW);
        digitalWrite (MotorRight2, HIGH );
        digitalWrite (MotorLeft1, HIGH);
        digitalWrite (MotorLeft2, HIGH);
    }
    else//都是白色，停止
    {
    digitalWrite (MotorRight1, HIGH);
    digitalWrite (MotorRight2, HIGH);
    digitalWrite (MotorLeft1, HIGH);
    digitalWrite (MotorLeft2, HIGH);;
    }
  }
}
```

附录B

机械臂四舵机动作控制程序

```
# include <Servo. h>//定义头文件
Servo myservo1;
Servo myservo2;
Servo myservo3; //定义舵机变量名
Servo myservo4;
void setup ()
{
myservo1. attach (6); //定义舵机接口
myservo2. attach (9);
myservo3. attach (10);
myservo4. attach (11);
}
void loop ()
{
myservo1. write (90); //设置舵机旋转的初始角度及机械手方向
myservo2. write (90);
```

```
myservo3.write (90);

myservo4.write (60);

}

void one () //执行第一步，使机械手下降，前伸

{

Myservo1.write (45);

Myservo2.write (10);

}

void two () //执行第二步，爪打开

{

Myservo4.write (140);

}

void three () //执行第三步，爪关闭

{

Myservo4.write (60);

}

void four () //执行第四步，使机械臂抬高

{

Myservo1.write (90);

}

void five () //执行第五步，放下物体

{

Myservo1.write (45);

Myservo4.write (140);

}

void six () //执行第六步，爪关闭

{

Myservo4.write (60);

}
```

```
void loop () //执行各分函数，且执行间隔 1000ms
{
one ();
delay (1000);
two ();
delay (1000);
three ();
delay (1000);
four ();
delay (1000);
five ();
delay (1000);
six ();
delay (1000);
seven ();
delay (2000);
}
```

附录C

双足机器人源程序

```
int IRR＝3；//定义右侧避障传感器接口
int IRM＝4；//定义中间避障传感器接口
int IRL＝5；//定义左侧避障传感器接口
void setup ()
{
pinMode (IRR, INPUT);
pinMode (IRM, INPUT);
pinMode (IRL, INPUT);
Serial.begin (9600);
Serial.println ("＃1P1500＃2P1500＃3P1500＃4P1500＃5P1500
＃6P1500＃7P1500＃8P1500T800" );
delay (2000);
}
void advance () //前进
{
```

```
Serial.println ("＃7P1590＃8P1590T500");
delay (500);
Serial.println ("＃4P1410＃3P1410＃5P1410＃6P1410T500");
delay (500);
Serial.println ("＃7P1350＃8P1350T500");
delay (500);
Serial.println ("＃3P1590＃5P1590＃4P1590＃6P1590T500");
}
void right () //右转
{
Serial.println ("＃7P1320＃8P1320T500");
delay (500);
Serial.println ("＃2P1420T500");
delay (500);
Serial.println ("＃7P1590＃8P1590T500");
delay (500);
Serial.println ("＃2P1500T500");
}
void left () //左转
{
Serial.println ("＃7P1590＃8P1590T500");
delay (500);
Serial.println ("＃1P1580T500");
delay (500);
Serial.println ("＃7P1320＃8P1320T500");
delay (500);
Serial.println ("＃1P1500T500");
}
void stop () //停止
```

```
{
Serial.println (" ♯1P1500♯2P1500♯3P1500♯4P1500♯5P1500
♯6P1500♯7P1500♯8P1500T800" );
}
void loop ()
{
intr, m, l;
r=digitalRead (IRR);
m=digitalRead (IRM);
l=digitalRead (IRL);
if (l==HIGH &&m==HIGH && r==HIGH)
{
advance ();
delay (500);
}
if (l==LOW &&m==LOW && r==LOW )
{
stop ();
delay (500);
}
if (l==LOW &&m==HIGH && r==LOW )
{
advance ();
delay (500);
}
if (l==HIGH &&m==LOW && r==HIGH )
{
right ();
delay (500);
```

```
}
if (l==LOW &&m==LOW && r==HIGH )
{
right ();
delay (500);
if (r==LOW)
{
Serial.println (" ♯7P1590♯8P1590T500" );
delay (500);
Serial.println (" ♯1P1540T500" );
delay (500);
Serial.println (" ♯7P1320♯8P1320T500" );
delay (500);
Serial.println (" ♯1P1500T500" );
delay (500);
}
}
if (l==LOW && m==HIGH && r==HIGH)
{
right ();
delay (500);
}
if (l==HIGH &&m==LOW && r==LOW )
{
left ();
delay (500);
if (l==LOW)
{
Serial.println (" ♯7P1320♯8P1320T500" );
```

```
delay (500);
Serial.println (" ♯2P1460T500" );
delay (500);
Serial.println (" ♯7P1590♯8P1590T500" );
delay (500);
Serial.println (" ♯2P1500T500" );
delay (500);
}
}
if (l==HIGH &&m==HIGH && r==LOW )
{
left ();
delay (500);
}
}
```

参考文献

［1］ LabVIEW7.1编程与虚拟仪器设计［M］．北京：清华大学出版社，2005．

［2］ 雷振山．LabVIEW7 Express实用技术教程［M］．北京：中国铁道出版社，2004．

［3］ NI公司．利用LabVIEW．软件进行控制设计和仿真入门［EB/OL］，2007．

［4］ 杨叔子．机械工程控制基础［M］．武汉：华中理工大学出版社，2002．

［5］ NI公司．院校资源［M/CD］，2007．

［6］ 火长越，付春山．用LabVIEW实现液位的实时控制［J］．洛阳工业高等专科学校学报，2003，13（4）：1～28．

［7］ 江伟，袁芳，黄乡生．基于虚拟仪器平台的PID控制系统的设计［J］．华东理工学院学报，2004，27（4）：395～397．

［8］ 潘海彬，胡壮，张春果．基于DataSocket分布式测控网络数据通信方法研究［J］．计算机应用，2008，28（2）：397～398．

［9］ 李翔宇，唐求．基于LabVIEW的远程测控方法研究［J］．仪表技术，2007，9：9～11．

［10］ 董湘，邹国奎．基于LabVIEW的远程测控方法研究［J］．仪表技术，2004，4：27～28．

［11］ 曹军义．刘曙光．基于Internet的远程测控技术［J］．国外电子测量技术，2001，20（6）：17～20．

［12］ 王玉彬．电机调速及节能技术［M］．北京：中国电力出版社，2008．

［13］ 中华人民共和国节约能源法，2008．

［14］ 陈伯时．电力拖动自动控制系统［M］．北京：机械工业出版社，2007．

［15］ 黄俊，王兆安．电力电子变流技术［M］．北京：机械工业出版社，2004．

［16］ 潘晓晟．Matlab电机仿真精华50例［M］．北京：电子工业出版社2007．

［17］ CSNE-151使用手册［EB/OL］．

［18］ TCRT5000使用手册［EB/OL］．

［19］ Leocundo Aguilar, Patricia Melin, Oscar Castillo. "Intelligent control of a stepping motor drive using a hybrid neuro-fuzzy ANFIS approach"［J］Applied Soft Computing vol. 3 (2003), 209～219.

［20］ 段英宏，杨硕．步进电动机的模糊PID控制［J］．北京：计算机仿真2006，23（2）290～293．

［21］ 李锡文，姜德美，谢守勇．步进电动机加速运行控制研究［J］．西安：微电机2007，40（10）45～47．

［22］ 陶永华，尹怡心，葛芦生．新型PID控制及其应用［M］．机械工业出版社，1998．

［23］ S. S. Gurleyuk, Zonguldak, Turkey, "Vibration reduction in a step motor using optimal control time intervals and amplitudes"［J］Acta Mechanica, vol. 177 (2005), 137～148.

[24] 赵显红，孙立功，一种数字式步进电动机闭环位置控制系统设计 [J]．微电机 2008，41（8）90～92．

[25] 刘卫国，宋受俊，三相反应式步进电动机建模及常用控制方法仿真 [J]．微电机 2007，40（8）22～25．

[26] 杨韬仪，王辉，徐锋．两相步进电动机细分方法研究微电机 [J]．微电机 2007，40（9）69～71．

[27] Mehmet Ugura，Kenan Savasa，and Hasan Erdala．"An internet-based real-time remote automatic control laboratory for control education，" [J]．Procedia Social and Behavioral Sciences，2010，vol. 2，5271～5275．

[28] Kin Yeung，Jie Huang．"Development of a remote-access laboratory：a dc motor control experiment，" [J]．Computers in Industry，2003，vol. 52，305～311．

[29] 刘宝平，张红梅．移动机器人的研究现状和未来发展的分析 [J]．科技信息，2009（29）：65．

[30] 徐国保，尹怡欣，周美娟．智能移动机器人技术现状及展望 [J]．机器人技术与应用，2007，2：29-34．

[31] Massimo Banzi. 爱上 Arduino（于欣龙，郭浩赟译） [M]．北京：人民邮电出版社，2011．

[32] 王汝琳，王咏涛．红外检测技术 [M]．北京：化学工业出版社，2006．

[33] 吴晓，华亮，李智．移动机器人红外感测系统研制 [J]．微计算机信息．2009（20）：191-193．

[34] 董国军．蓝牙无线通信技术及其应用研究 [D]．天津：天津大学，2004．

[35] 李江全，郑瑶．计算机典型测控与串口通信开发软件应用实践 [M]．北京：人民邮电出版社，2008．

[36] 吴成东，孙秋野，盛科．LabVIEW 虚拟仪器程序设计及应用 [M]．北京：人民邮电出版社，2008．

[37] 陈文建，何振华．舵机控制步行机器人系统设计 [D]．南京：南京理工大学，2012．

[38] 陈娜，卢威．双足步行机器人的下肢机构自由度分析 [J]．装备制造技术，2011，（6）：78～79．

[39] 王春雨．仿人型机器人步行稳定性研究和步态设计 [D]．上海：上海交通大学，2001．

[40] 雷鹏飞，沈华东，高坎贷等．红外传感器在智能车避障系统的应用 [J]．电脑与信息技术，2010，18（4）：52～53．

[41] 吕向峰，高洪林，马亮等．基于 LabVIEW 串口通信的研究 [J]．国外电子测量技术．2009（12）：27～30．

[42] 程晨．Arduino 开发实战指南 AVR 篇 [M]．北京：机械工业出版社，2012．

［43］戴凤智，海玉，秦柱伟．Arduino 轻松入门［M］．北京：化学工业出版社，2015.

［44］钱显毅，唐国兴，传感器原理与检测技术［M］．北京：机械工业出版社，2011.

［45］胡小江，董飞垚，雷虎民，等．基于虚拟仪器的舵机半实物仿真系统研究［J］．测控技术，2011，1：75～78.